U0247067

兰若的灶间闲话

王瑞庆 著

山西出版传媒集团
山西人民出版社

我与烹饪

“管住了丈夫的胃，就管住了丈夫的心。”读港台的书，读到了这样戏谑的句子。

这话有些酸酸的味道，把女人的位置摆得多少有些不大公道。胃也好，心也好，反正“人是铁，饭是钢，一顿不吃饿得慌”，一日三餐总是要做的。

在一般人的家庭，对于一般的人，家务总是免不了的。洗衣，现在可以有洗衣机帮忙，洗碗也发明了洗碗机，尽管目前我们这里买洗碗机的家庭还是少数。但是做饭还没有听说有什么机器可以把我们从炉台前彻底解放出来。在我们家里，一日三餐，绝不可以马虎。然而，不管有怎样的“贤夫”，做饭的事情大多还是主妇的事业。于是，我不得不很认真地去对付每日三餐。

中国人的饮食文化对于美食的追求几乎是无止境的，我们有句老话：食不厌精。但是那种出自名师之手的美味佳肴，多与我们百姓无缘。大同讲过前些年他出差在北京，住在一家部队的招待所，餐厅有小炒可以选，中午点了一个“宫保肉丁”，本来是很平常的菜式，上来一瞧，的确不错，量不大，色香味俱佳。晚上又添了几个同事，便又点了它，这回实在是太差了，请教了服务员才知道，中午的那位师傅因为晚上有宴会要招呼，换了一位徒儿来支应散客。

这种事儿常有，在大馆子，我们也不一定吃得到名师之作。作家陆文夫的名

篇《美食家》，曾经被搬上了银幕，说了一个饕餮之徒的故事。陆文夫是真正品过美味的，在他的短文《姑苏菜艺》里写道苏州得月楼的特三级厨师韩云焕，常为他的客人炒一道虾仁，那些挑剔的美食家吃过之后无不赞美，认为是一种特技。可是有时也有遗憾——“那虾仁必须是现拆的，如果没有此种条件的话，韩师傅也只好抱歉：‘对不起，今天只好马虎点了，那虾仁是从冰箱里拿出来的。’”

大概只有名家才能有机会吃到名师，要是我们这些平凡之辈去了得月楼，韩师傅恐怕不会出来跟我们说——“对不起，今天只好马虎点了……”但这也不是说，我们平常百姓就只有粗茶淡饭的命了，自家的厨房就是一方大可造就的天地。

每日午晚两餐，选上一餐吃得稍稍地正式一点儿，三菜一汤，一冷两热，两热或是一荤一素，或是两款软荤。无论冷热，菜式上留意一点儿蔬菜颜色的搭配。在烹炒时不要让酱油这类色重的调料压了蔬菜的本色，少放甚至不放酱油为好。下锅讲究一点儿顺序，讲究一点儿火候，不好熟的先下，易熟的后下。炒一盘青菜，叶儿帮儿分开，先翻炒几下帮儿，再放叶儿，那就有点儿意思了。这些都不是什么难事。王世襄的儿子王敦煌在他的《吃主儿》里说到炒芹菜，大意是：芹菜本身是很一般的家常菜，但是如果只用芹菜的菜心，那这个芹菜炒出来就不一般了。

加拿大作家阿瑟·黑利谈及他的婚姻时说：“理智告诉我，夫妻间的欢乐会渐渐减退，而妻子的烹调手艺却会长久留存。”此话与本文开头的那句如出一辙，其实我们不必当真的。

目录

兰若的灶间闲话

烹炒

烘焙

烹炒

青白蛇

中国古时的术数家用十二种动物来配十二地支，称为十二生肖，也叫十二相属，据考这十二相属之说起于东汉。后以为人生在某年就肖某物，也就是我们平常所说的“属相”，什么年出生的就属什么。有个关于属相的谜语：外国没有中国有，每人一个，每家几个，全国也就十几个。也还编得有趣。

蛇是十二属相之一。蛇在西方文化中代表了狡猾与邪恶，它曾引诱人类的祖先违背上帝的旨意。在中国的神话传说中，蛇也多以妖的形象展现，也和狡猾邪恶差不多吧。除此之外，《红楼梦》里说晴雯“削肩膀，水蛇腰”，那样的女子“妖妖调调”，这妖妖调调的风流怕就出在这水蛇腰上。

在辞海中“妖”的解释：“艳丽。曹植《美女篇》：‘美女妖且闲，采桑歧路间。’”所以，传说中的妖也多以美女的面目出现。

中国著名的神话传说《白蛇传》是讲人妖相恋的故事，女主角白娘子白素贞便是一条修行了上千年的蛇精幻化而成，为报上一世的救助之恩变作人形，找一个叫许仙的男子。二人在西湖的断桥相会，正好碰上下雨，一把伞作了定情的道具，许仙和白娘子结为夫妻。两情缱绻，幸福的日子就这样一日复一日地要过下去了，偏偏有多事的和尚法海出来捣乱。遗憾的是，许仙一个大男人竟然耳软心乱，禁不住旁人的蛊惑，给白娘子喝了蛇精最忌讳的雄黄酒，结果是白娘子现出了蟒蛇的狰狞原形，吓死了许仙。一心要跟许仙过日子的白素贞西上昆仑盗回了灵芝仙草，救活了自己的丈夫，却最终因对亲人背信的失望而不敌法海，被压在了雷峰塔下，并被施以“西湖水干，江潮不起；雷峰塔倒，白蛇出世”的咒语，永世不得翻身。很小的时候就听家里的老人讲这个故事，自古有道“痴情女子负心郎”，这大约也是她们给我的最早的情感教育。

《白蛇传》的故事里还有一个人物就是小青，她是一条幻化成人形的青蛇，与白蛇姐妹相称，因为修炼的时间短，道行差，在传统的戏曲表演中，只是一个没有多少戏的配角。电影《青蛇》是根据香港女作家李碧华的同名小说改编。李碧华，香港文坛大名鼎鼎的专栏作家，有“奇情才女”之称，最擅长写情爱故事。一条青蛇一条白蛇，让张曼玉和王祖贤演绎得魅惑入骨、风情万种。李碧华把传统故事中的法海，由一个须发苍苍的老人改写成了一个威武刚毅的青年，与那个软弱无力的许仙形成对比。于是，两个女人和一个男人一个老头的故事，便演绎成了两个女人和两个男人的故事。

在李碧华的小说里青蛇有一段感慨：“对于世情，我太明白了——每个男人，都希望他生命中有两个女人：白蛇和青蛇。同期的，相间的，点缀他荒芜的命运……每个女人，也希望她生命中有两个男人：许仙和法海。法海是用尽千方百计博她偶一欢心的金漆神像，仰之弥高；许仙是依依挽手，细细画眉的美少年，给她讲最动听的话语来熨贴心灵。”我想李碧华在这里是想讲，无论男人还是女人都希望自己能有一个性格丰富的人生伴侣，男人既是许仙又是法海，女人既是白蛇又是青蛇，那自然圆满。

张曼玉是我喜欢的电影明星，长着一张猫脸，又有点儿像狐狸。其演技功力非凡，既可上天也可入地，我是说她又可以是20世纪50年代流落香港的上海淑女，又可以是荒漠野店里的风骚老板娘。我第一次见她是在《警察故事》里演成龙的女朋友，大约刚刚出道不久，脸蛋圆嘟嘟的，还要吃女主角的醋，女主角是扮相冷艳的林青霞，相比之下张曼玉越发像一只青苹果。我喜欢她在一个化妆品广告里的样子：穿一袭白衣，乌黑蓬松的短发，脸颊瘦削、颧骨微耸，满脸幸福灿烂的笑。东方卫视的时尚大奖典礼，众多着露背装珠光宝气的美人里，她却一身藏蓝衣裤的中性装扮，反倒显出性感优雅。女人和女人真是大不相同，有的美艳如花，却经不起风吹雨打；有的就像一块玉或一坛酒，日久弥新，越是经年越有味道。

我也曾经有过两次雨中游西湖的经历。那年去杭州开会，去西湖游览时却下起了雨，会议的组织者调侃说，雨中游西湖好，祝愿每一位先生都能碰到白娘子。他没有开女士们的玩笑，大概不好说什么吧。那天的伞是会上统一发的，一模一样，一行人不管走到哪里只要看到同样的伞，就会找到队伍。还有一次是送女儿去广州读书，顺便去附近一座小城看望朋友，当地也有一汪小湖叫小西湖。我们蹬着脚踏船刚到湖心就下起了大雨，返回岸边已经来不及，索性就停下来聊天，茫茫雨雾之中，只有我们的船在湖上飘摇。这两次都是非常有趣的经历。

记不清哪一年的《中国烹饪》，有一道菜叫作“青白蛇”，翻开来看，禁不住笑了，原来是韭菜炒豆芽。选鲜嫩的韭菜，买来洗净切成寸段，和掐去头尾的绿豆芽一起，急火快炒，除了盐不放任何佐料，清清爽爽，色味俱佳。请朋友们来吃饭，如法炮制，大受欢迎。我家先生大同是个无肉不欢之人。事后他说，少加一些瘦肉丝就更好。

说者无心，我却想：既然是青蛇和白蛇，就总少不了那个肉眼凡胎的许仙了。

华严清品

我住的那条窄巷外面有一处集市，日常所需的食品杂物也算是一应俱全。几家菜市中间夹着一处豆腐摊子，摊子没有柜台，也没有篷帐，一年四季无论日晒雨淋，只在路边摆开一屉豆腐，然后一柄刀，一杆秤，也就一切齐备。主人是位五十岁上下的汉子，个子不高，整日在这里守着生意，晒得面皮黝黑。他卖的豆腐、豆芽都是自己加工。他告诉我，豆腐、豆芽的利润极薄，只有自产自销方才可能多赚几个小钱。

有一回我从乡下回来，和他讲起乡下的豆腐如何如何的硬实，不像他的豆腐东倒西歪一派无力的样子。他大不以为然，摇了头说，豆腐硬了还有什么吃头，豆腐的好坏，要看豆腐的细嫩，不看软硬，豆腐吃的不就是一泡水吗。这话倒是让我想起了江南的豆腐，记得以前在我们这儿的市场上也曾见到过，本地人称作南豆腐，不大的块儿白白嫩嫩地泡在清水里，捞出来便软软地瘫在掌中，没有一点儿骨头。于是我真的相信了豆腐就是吃的一泡水。

过去这一条小街上只有他一处豆腐专卖，汉子人又生得厚道。每次，我买他的豆腐并不问价钱，不论涨跌，都只买一块钱的。人熟了，便不再称，只用小刀划出一块，塑料袋儿装了，轻轻一掂，笑着递过来。便有许多的信任和许多的情分在里头。夏秋两季蔬菜种类多，价钱比较便宜，豆腐摊子便显得冷清一点儿，冬春两季他的生意好，所以还要加卖自己发的豆芽，黄豆芽、绿豆芽两种都有，只是天气太冷，滴水成冰，两只手冻得红红的，受罪。一年里要做三百五十天，到了大年二十八还要紧忙一天，正月十五便见到他早已经笑嘻嘻地守在那儿，就着暖洋洋的日头。

豆腐菜式很多，最有名的应该就是川菜中的“麻婆豆腐”。机关一位同事去四川出差，在馆子里要了一份麻婆豆腐，由于连日领受川菜的麻辣，特意嘱咐他的这份要少搁辣椒。服务员没说什么，只是破例地把他带进灶间，只见炉灶上一只大锅，锅中的豆腐在肉末、川椒、豆瓣、豆豉加工而成的臊子中咕嘟嘟，冒着腾腾的热汽。

我家里不嗜辣，偶尔会做一回改良的川菜豆腐。并不用郫县豆瓣，也不用永川豆豉，只是把肉末、少量的辣椒和各种佐料在烧热的油锅中加工成臊子，然后下豆腐，保持其烫的特点，只是微辣，全然已没有了麻的味道。

说起川菜豆腐的“麻、辣、烫”，让我想起“千滚豆腐，万滚鱼”的老调。大约是说豆腐要久煮，方能煮出力道。一次在洛阳的姐姐家用鲜肉排骨汤炖豆腐，姐姐说：“你炖的豆腐没起泡。”意思是火候还不到。再等炖到好处，只见豆腐块上炖出无数的小洞，变得膨松而柔韧，果然口味大大改观。

前些年，台湾作家林清玄的书卖得好，也曾到山西来推广。读他的散文《菩提系列》，看到其中写到了素斋有这样一段文字：

素菜馆里有一道菜，名叫“华严清品”。

叫来一看，打心里微笑，原来是青菜豆腐汤。

华严，是佛经中最富丽堂皇的一部，它的清品竟是最平凡不过的青菜豆腐汤。

我想，如果那些豪华的酒店都能添一道“华严清品”，让那些老饕们在酒酣饭饱之后，领教一下清淡的品格，也有一种别样的感受吧。正如林先生所说：“如果懂得细细品尝，最平凡的事物也能有最富丽堂皇的境界。”

青菜豆腐虽说是一道比较简单的菜，但做起来还是有一些细节要把握。

比如豆腐：切块后先要在加了盐的水里煮过，再放进凉水里浸泡，大约十多分钟吧。这样处理过的豆腐会比较结实有劲，不容易碎。

青菜要先炒一下，但不要炒塌，保持七八分熟。

净锅上火，油热下葱姜蒜炝锅，加盐、胡椒粉，加水，烧开，煮片刻，捞出葱姜蒜渣，放入豆腐煮开；起锅之前加入青菜。

酸辣包心菜

六月初到杭州小住。杭州和西湖就不说了，至今难忘那家国际青年旅舍——江南驿、江南驿的兔子美食、烧一手好菜的兔子姐姐。

兔子在网上被人称作兔子姐姐，因为她是属兔子的。兔子姐姐身兼数职：老板、厨师长、厨师。江南驿所有的菜式都是她亲自设计，亲自料理。她爱用自嘲的口气说自己是个成天做着上肢运动的厨子。

包心菜就是圆白菜，也叫洋白菜、卷心菜，台湾人叫高丽菜。说白了酸辣包心菜就是用醋、辣椒炒圆白菜。非常普通的一道家常菜。兔子的酸辣包心菜是我迄今吃过的烧得最好的醋熘圆白菜，也是江南驿卖得最火的菜。这个菜我们点了好多次。说几乎所有来吃饭的客人都点这个菜一点儿也不是夸张，真是好吃又好看的一道菜。

兔子姐姐把圆白菜随便撕大块，大到不一般。不用干辣椒用剁椒，加醋。急火快炒，端上来，酸酸脆脆，从头吃到尾都保持着翠白点缀鲜红的颜色不变。最后盘子里残留的汤汁，是一种淡淡的粉红。

兔子姐姐说，不少菜馆来抄她的这款酸辣包心菜，但是抄不到要点，抄袭的人虽然知道她用的是大红浙醋，可是并不在意她用的什么牌子。她说，她为了这款“酸辣包心”，试过了所有能找到的各种醋，最后选定了一种广东出产的大红浙醋。她还说，你们山西的醋好是好，就是太咸。

说我们山西的醋咸，倒真让我感到意外，我当时不大理解醋怎么会咸，咸的是盐。酱油里有盐搁多了也会咸，所以后来才有薄盐生抽，以为只是因为山西老陈醋颜色太重，味道太厚的缘故吧。

她说用山西醋或镇江醋炒这道酸辣包心菜，味道虽不会太差，但是吃到后来颜色会败，非常难看。不曾冒昧地想过进她的厨房看看，所以“酸辣包心”究竟是怎样的细节，真不知道。有一回晚上和兔子姐姐聊天，随口问了一句。她说很简单的，油锅烧热后放剁椒，再加入包心菜翻炒，出锅前的一刻，浇入一勺浙醋，炒倒后的包心菜叶会在那一霎间仿佛又醒了似的，一下子生机勃勃，全都精神起来。出锅后，即使吃到最后都是脆口翠白的本真。

那回离开杭州前，兔子姐姐除了两匣龙井茶还送了一瓶“酸辣包心”用的大红浙醋。后来有人在我的博客里看到兔子送了我大红浙醋，问我是什么牌子，我说还是你自己去问兔子姐姐的好。

回到太原，仔细看了山西老陈醋瓶子上标识的配料表，清清楚楚地表示：食用盐。不知道 500 毫升的一瓶醋里放了多少，难怪被口轻的人说咸。为了不辜负兔子的美意，用那瓶大红浙醋，多次努力想炒出江南驿的味道，终于放弃。太原的包心菜不行，真的不行。看侯孝贤监制的纪录片《看见台湾》，旁白吴念真说，高丽菜田也是这样，原本种植在平地的蔬菜，只因为挑嘴的人说，每高一公尺滋味就可以多甜一分，于是菜园越爬越高。

很惭愧，我大概就是那挑嘴的人吧，于是也就知道高丽菜的滋味真有区别，杭州的包心和太原的包心真的大不同。

如果哪位妹妹去杭州，建议你有机会试试江南驿，尝尝兔子姐姐烧的菜，也许也会如我一样地喜欢江南驿旅舍和姐姐美食的味道，或许这道酸辣包心菜也会给你留下好的印象。

爽口的老虎菜

曾经在家里的阳台上养过一盆香草，自然不是香草豆荚的香草，一只直径盈尺的紫泥花盆，种了一丛迷迭香、一丛百里香、一丛薄荷，都是香料植物，随口叫做香草。薄荷长得快，退化得更快，不用几日就已经让人有些兴趣索然。百里香和迷迭香不动声色，几乎看不到什么变化，植株下部似乎会木本化，好像也用不着怎么侍弄，皮实得很。种归种，其实用的时候不多，味道还真的不大习惯。

也许是我孤陋寡闻，依我所见，太原日常饮食中新鲜香料植物品种很少，胡同口的小菜铺一年四季也只有芫荽。芫荽也称香菜，几乎是每日必备，许多主妇买菜最后都会捎走几根芫荽，借一点儿味道。也有人不接受。羊汤铺子，掌勺的一定要问吃家：芫荽要不要。自然也有极喜欢的，紧着吆喝：多搁点儿。

其实芫荽不仅用于调味，也可以大把切寸段配肉丝，猪肉羊肉都好，炒个软荤芫荽肉丝，很好吃的。

这几年客居在河南郑州，才知道郑州人的菜市场里还有一种新鲜香草。头一次去超市，看见菜架子上放着一把一把新鲜的薄荷，真有几分惊喜，郑州菜市场居然卖鲜薄荷。用手捻捻叶子，搁鼻子底下闻闻，抓一把仔细瞧瞧，枝叶气味与薄荷相似，却又有一点儿不同，超市标得清楚：荆芥。回去上网查了百度百科："荆芥，唇形科、多年生植物。味平，性温，无毒，清香气浓。荆芥为发汗，解热药，是中华常用草药之一。荆芥有强烈香气，主要以鲜嫩的茎叶供作蔬菜食用。荆芥富含芳香油，以叶片含量最高，味鲜美，还可驱虫灭菌，生食熟食均可，但以凉拌为多，一般将嫩尖作夏季调味料，是一种经济效益高、很有发展前途的无公害、保健型辛香蔬菜。菜谱清炒荆芥、荆芥拌黄瓜、荆芥浇汁、荆芥腐竹、荆芥洋葱(俗称老虎菜）等。"

荆芥在山西没见过，无论南北，可是老虎菜山西也有，山西也有人称之为霸王菜，老虎霸王意思倒也近似。只是不用荆芥，用芫荽，也不用洋葱，用尖辣椒。那天在 Plum Café 看到 Cinderella 的《山西风味之霸王菜》，她写道："晋南人很爱吃辣椒,尤其青辣椒，我父母经常吃面的时候拿根青辣椒洗了空口吃，我不行，怕辣只吃辣椒尖。做法很简单，青辣椒切丝，香菜切段，愿意加葱的再切点葱，然后加醋、盐、一点芥末油、香油。"只是加了醋的老虎菜，时间稍长就会变色，可以换个升级版。不用醋，切半只柠檬，现挤些柠檬汁进去，香油改橄榄油。用柠檬汁菜色不变，橄榄油味道单纯也更健康。

嘿！漂亮的老虎菜。

剁辣椒

辣是五味之一，也是大多数的人都可以接受的味道。有人无辣不欢，有人一点也不要吃辣，也有些人不吃辣椒是有特别的原因，比如我的姐姐就不能吃辣，一吃就会胃疼。我自己也有一段时间因为身体不适，不敢吃太刺激的食物，包括酒和辣椒；后来身体恢复了，就可以多少吃一些辣的东西。据说辣椒可以帮助脂肪燃烧，具有减肥的作用；可是又说辣椒可以下饭，用辣味佐餐又不免多吃。先后矛盾。不管如何，食无定法，适口者珍，只要你喜欢吃，就尽管吃好了。

前几天做了剁辣椒。

到秋天就做剁辣椒已经坚持了三四年。第一年试做，味道很好，颜色鲜红，有发酵后的香味。因为不大能吃辣就只做了很少，那个 450 克丘比沙拉酱

的瓶子做满了一瓶，记得好像还送了朋友小忠一点点。第二年选的辣椒不好，太瘦，就是皮薄籽多，切起来还费劲，做出来干干的，虽然辣，但没有发酵后的酸香，也就没有了回味。

今年看到刚有鲜辣椒上市，就买了 2 斤，是那种深红色，皮厚厚的，配上绿绿的蒂，洗干净了，很精神的样子。买的时候，老板就说这个特别辣，可是新鲜的样子让人不忍放弃，想，辣就辣吧，每次少吃一点儿正合适。

买 2 斤回来，洗净控干，用刀切碎。把大蒜压成茸，生姜去皮刨成末，剁碎的辣椒、蒜茸和姜末加盐和少许糖搅拌均匀，放进一个干净的瓶子里，上面浇 65 度白酒，再把盖子封好。这样腌制的剁椒过七八天的时间就可以吃了。

腌好的剁椒色彩鲜红，味道咸香，随着腌制时间的延长，它会逐渐地有些发酵，味道会变得更鲜更醇，无论吃面条，吃米饭，还是喝粥吃馒头，餐桌上备一小碟都大受欢迎。我们家的人都是不大能吃辣的，但是自从有了腌剁椒，差不多每顿饭都要准备一小碟。剁辣椒可以佐餐，也可以做烧菜的配料，你只要能够吃辣，它几乎可以和任意的菜品搭配，烧制出剁椒系列的菜式。

能吃辣的人当然是选择越辣的辣椒越好。但是以我个人的经验，辣椒最好选择那种大红颜色，表皮光滑，肉厚籽少的大尖椒，不是十分辣甚至还有些微甜，但腌好的剁椒看上去吃起来都比小个儿的朝天椒好。

2 斤辣椒、1 头大蒜、1 大块姜，盐到底用多少，一直没找到精确的配比，网上多是说尽量多用，宁多勿少，少了容易坏。为了怕坏就要放超量的盐，也会影响到后期的自然发酵，就不能体会其味道的细微变化了。最好的办法就是随吃随腌，常吃常新。不要为了省事就一次腌太多，多了坏了会造成浪费。除非你是一个特别能吃辣的人。

我买了 2 斤鲜椒，除去蒂的分量，用了 50 克盐；再加入适量的糖。姜也可以用刀切，切得越碎越好。

瓶子要烫洗干净，装好瓶后，上面浇 65 度白酒，封好，发酵。腌好的剁椒放在冰箱里，吃的时候要用干净的筷子或勺子挑出来，少淋一些香油。

切辣椒的时候一定要小心，最好带一次性塑料薄膜的手套，切完辣椒之后必须要把手洗干净。说到这儿，想起上中学时下乡劳动，有一天干活儿就是帮着老乡剥辣椒籽。这个活计不好干，虽然不用出大力气，可是辣味四起弄得眼也辣鼻也辣，尤其手上都是辣的，难免又要碰这摸那，弄不好再揉了眼睛鼻子，更是让人苦不堪言。记得中途上了一次厕所，后果可想而知，这件事至今不忘。

腊肉咸饭

咸饭就是菜和米拌在一起的饭，属于简单的快餐。

说简单是在一个小碗里饭菜肉就都有了，可是味道不简单，正是它最大的特点。大同常常说起小时候，妈妈做过一种肉焖饭，红烧肉加米，还是糯米，做成烧肉焖的咸饭，好吃得不得了，每每提起，很馋很向往的样子，口水似乎就在齿间打转。我想做饭的事难不倒我，只是这红烧肉的汤汁浓油赤酱，好吃是够好吃的，可不太符合健康饮食的标准。看欧阳应霁的《半饱》里，一款咸肉菜饭，有肉有饭还有菜，也不会太腻。信手拈来，略作改良，和同好共享。

做两人份要准备的材料有：两杯调和米，就是大米和糯米混合在一起，当然

普通的米也可以。平常我们两人只吃一杯米，做这个咸饭总会吃得多，米就要加倍。腊肉一小块，鲜猪肉一小块，切丝，炒熟；新鲜的黄瓜一条，切成薄片，用少许盐腌过；圆白菜或其他的绿叶菜切丝；洋葱头一个切成细丝，丝越细越好。

像平常那样在电饭锅内焖饭，当饭锅跳到保温档后，把炒好的肉丝加入锅内搅拌，继续再焖片刻后，加入炒好的圆白菜丝拌匀，再焖。

葱头丝放油里用小火炸至金黄色，倒入小碗，加酱油和胡椒粉，我还加了一些蜂蜜腌渍的柠檬汁，做好调味汁，待用。

米饭焖好后，趁热加入腌好的黄瓜片、调味汁，拌匀，就可以吃了。

再用白萝卜加香菜做一个清清淡淡的汤，边吃边喝，很舒服很享受，又不太费事。

加入腊肉做出的咸饭味道会更别致。黄瓜用盐腌一下，这样口感比较爽脆。炒肉炒菜时都要加盐，用量要按照自己的口味习惯控制总量，不要太咸。

做红烧鱼的心得

我觉得自己家里的红烧鱼做得还不错，虽说有点儿自诩之嫌，其实还真有一些心得。

有位外省的亲戚是家常菜的烹饪高手，一次在我家里吃红烧鱼，鱼还没有出锅，他就说："你的鱼烧得比我好。"紧接着又说，"不是你的手艺好，是山西的老陈醋好。"他说得一点儿不错。

无论红烧什么鱼，材料要新鲜就不必多说，现在要买一条鲜活的鱼也不是什么难事。如果非要吃冰冻的带鱼，就一定要选颜色银白，条尾整齐的。颜色发黄发暗的，就不新鲜了。

其次烧菜的作料一定要好。作料就是调味品。有人打了比方，说厨师用的调味品，就好比女人穿戴的衣服首饰，即使是天生丽质，"而敝衣蓝缕，西子亦难以为容"。所以我烧鱼时，一定选用好的调味：老抽和生抽要选好的牌子，醋用山西清徐的老陈醋或太原宁化府的熏醋，料酒最好选绍兴出产的黄酒花雕或加饭。

生抽、老抽、料酒、醋和糖，照 1.5∶0.5∶1∶1∶1 兑好调味汁。喜欢味道偏甜一些的，醋和糖的比例可以 1∶1.5。切好葱段、姜片、蒜瓣，放入调味汁内。

煎鱼也很关键，整条的鱼做出来比较好看，即使切成段烧，也要大小一致，皮肉完整。如果鱼的形状不佳，味道再好，也会令人扫兴。洗净晾干的鱼在干面粉中拖一下，抖去多余的面粉；炒锅上火烧热，先用少量油逛锅，烧热后倒入适量的油，再烧热后鱼放入锅中用中火煎炸，这样可保证不会巴锅。色泽呈微黄再煎另一面。锅中放一粒八角，烹入调味汁，少许开水，烧开后转中小火焖至汤汁红亮浓稠即可出锅。

这样烧出来的鱼，不只鱼的味道好，里面的葱也很好吃，所以每次做这道菜时我都喜欢在锅里多搁些嫩的葱段。

烧菜做饭虽是小道，也和做其他事一样：要有准备，再加一些细致和耐心，时间久了，在操作的过程中也会有类似灵感的体验，产生意外的效果，这就是熟能生巧吧。

蚕豆米炒肉片
——怀旧的乡情

鲜蚕豆在南方不是什么稀罕的东西，可在我们这里一年也就吃那么几天，所以每年这个时候都要抓紧了吃它。

从来没考虑过蚕豆为什么叫蚕豆，读汪曾祺先生的书，他说："我小时候吃蚕豆，就想过这个问题：为什么叫蚕豆？到了很大的岁数才明白过来：因为这是养蚕的时候吃的豆。"我现在也知道了，蚕豆和蚕还真有联系。不过养蚕和种蚕豆都和江南有关，我这个北方人不知其道也情有可原吧。今年春天暖得早。去批发的菜市场已经有新鲜的蚕豆卖了。

在北方，蚕豆多是做成干果，油炸，五香。下酒，或者零食。小时候吃过"铁蚕豆"，一种极硬的蚕豆，搁在嘴里很费牙，但是能嚼很久。

当年父亲在他的菜园子里种了两畦蚕豆，矮矮的植株结着嫩绿的豆荚，邻居家的阿姨是南方人，她对父亲说豆子一定不要等得太老，在她的家乡蚕豆是要当鲜菜吃的，绿嫩的蚕豆用来烧肉或清炒都很好吃。

蚕豆采摘之后，母亲剥开豆荚，又剥去豆粒外面的那层软皮。剥净的蚕豆叫作"蚕豆米"。母亲送一些蚕豆米给邻居家的阿姨，阿姨教母亲做鲜肉丁烧蚕豆。

大同是江苏人，也喜欢吃嫩蚕豆，近两年门前的菜市儿上有了嫩蚕豆卖，见了一定要多多地买，剥好可以放在冰箱里，陆陆续续地分几天吃完，不会坏的。还可以放在冷冻室里，保存的时间更长，过了季解冻炒炒来吃，虽然味道和品相都差了很多，但也聊胜于无。

有人买了蚕豆回去，剥了用花椒水煮着吃，味道也好，这让我想起鲁迅先生《社戏》中的水煮罗汉豆。

如果用蚕豆做菜，一定要剥去豆粒外面的那层软皮，露出鲜翠欲滴的蚕豆米，才好下锅炒。买蚕豆的时候要挑那些颗粒饱满鲜嫩的，颗粒太小，剥开以后，豆粒会更小，实在不好看也不好吃。豆子也不要老，老了颜色发黄，不好熟，只有下锅煮着吃了。嫩蚕豆配着炒什么都好吃，无论肉丁、肉片、鸡丁、鸡片，味道鲜嫩可口。

我们家都是用蚕豆米炒软荤，很受欢迎。

我炒软荤时要先把配菜过油。油烧热，先放剥好的蚕豆米，要紧的是蚕豆米比较大，要旺火快炒，少添水，稍稍地焖一下，这时的蚕豆翠绿清香。重起油锅放入肉丁或肉片煸炒，加葱姜蒜末炒至半熟，加黄酒、白糖、精盐，及少量的生抽，这时候把刚才炒好的蚕豆米回锅，略炒拌匀，装盘。

每当看到那些饱满的豆荚和碧绿的蚕豆米，我都会想起那位邻居家的阿姨，她大约和大同一样，都借蚕豆来寄托一点点怀旧的乡情罢。

泡豇豆炒肉末

泡菜和腌菜一样，都是长期贮存蔬菜的方法。最初只是无奈而为之，后来却形成特别的风味。只是泡菜相比用盐较轻，咸味淡，滋味可以搞得复杂一些。可是由于盐用得少，搞不好就会长醭腐败，泡制技术难度高，所以泡菜就有了声震川西的名师。据说泡菜至高无上的境界是：不变形、不变色、不进水、不走籽、不喝风、不过咸、不过酸，色香味形俱佳。但是对付自己家里那只泡菜坛子，一切可以从简，不必与自己为难，至上的境界也不是人人可为。

家里有个泡菜坛子，常年泡着些蔬菜，用其中的泡豇豆炒肉末很受家人欢迎。

豇豆也叫腰豆、长豆、浆豆，有一尺多长，本地人干脆就管它叫长豆角。豇豆有身体细长结实，颜色青绿的，还有一种豆荚松泡软胖颜色发白的，做泡豇豆要选色泽青绿身体细长结实的品种。

取鲜嫩豇豆择洗后切四寸长段，晾干浮水，入坛泡制，七天后就能吃了，而且可以经年贮存。

实在懒得自己泡，从超市里也能买到，只是味道颜色实在不敢恭维。如果你有些两难，既不想用超市里的货色，又觉得自己泡菜实在麻烦，我就教你一手偷懒的办法，现泡现吃，倒也十分省事。把新鲜的豇豆择净洗净，先斩大段焯水，沥干水分，对好酸甜汁，放入豇豆腌泡三四个小时即可。酸甜汁的配制：一份白醋，半份糖。半斤豇豆大约用 5—6 小汤勺白醋和一半分量的糖搅匀，如果没能淹没豆角，可以稍微加点儿水。

泡豇豆切丁，也不必切得太小，大同每每嫌我切得太碎，吃得不大尽兴，一公分长短即可，青红尖椒切丁，若有泡椒也切成丁，三两猪肉末，备好葱姜蒜米。起油锅，油热后放入肉末煸炒，至肉末变色发白，依次加葱姜蒜米、黄酱或者甜酱、料酒，再加入糖，少许醋、酱油，最后放入豇豆丁、尖椒丁翻炒，加锅盖儿拧小火焖片刻淋香油即可出锅。

这个菜其实很简单，就是把所有的材料切碎炒在一起，色彩悦目，十分入味，特别下饭。如果能吃辣用郫县豆瓣替代黄酱或甜酱，和泡菜更搭。

香椿苗拌豆腐

小的时候不喜欢吃香椿，觉得它有一种味道，怪怪的。母亲却喜欢。最常做的是香椿炒鸡蛋，切碎的嫩芽再加入两个鸡蛋拌匀，等油热了，倒入锅里翻炒。那时候鸡蛋是要计划供应，家里难得有几个鸡蛋，舍不得多放，自然以香椿芽为主，绿多黄少，很难摊成一个蛋饼。母亲还会把香椿芽投进开水里焯一下，然后切成小段，点几滴香油，做成凉菜。那些日子，厨房里便充满着那种怪怪的味道。

大同小时候和外婆一起生活，北京北沟沿家中的院子里就有一棵香椿树，每到春天香椿树发芽，外婆就让他搭上梯子爬到树上，采摘最嫩的芽子。除了自己家吃，还把那些香椿芽像宝贝似的与邻居们分享。

这些都留在童年的记忆里了。一年一年四季轮回，每年冬天过去，最早应该是杨树的花穗开了落了，然后就会有香椿一小捆一小捆地摆上菜摊，又到了吃香椿的季节。但是，一年一年自己从来没有买过。

大概是年纪大了，心性有了许多随和，是不是味觉也有些许退化，小时候不吃的东西似乎也都可以接受。就拿香椿来说，如今欣赏的恰恰正是当初不喜欢的那种怪怪的味道。早春时节，赶上饭局也会点个应季的香椿拌豆腐。

有一次朋友请饭，几个冷盘里也有款凉拌豆腐，不见香椿，雪白的豆腐上点缀着星星点点翠绿，吃到嘴里却是满口浓浓的香椿味道。朋友说拌的是香椿苗，是用香椿籽直接生发的，就如绿豆芽、豌豆苗一样。小心夹起，仔细观察，纤细的莛子举着圆圆的两片小叶片，娇嫩无比。

起初还有些疑惑，香椿树见过多了，工作过的小院里就有一棵，一天从树下走过几次，却从来不曾留意过香椿会开花结籽。香椿树真的有籽儿吗？上网学习了一下，香椿还真有籽儿：种子有极薄的种翅，黄白色，半透明，种仁细小不明显。所以，我在市场上见到的香椿苗，不少小叶子上还带着极细小的种鞘。继续学习，更有收获。读 2015 年 2 月 27 日《中国科学报》金波的文章《神奇的种子香椿籽》，文中写了初冬时节在庐山莲花洞森林公园意外拾到一只黄铜般干枯的花束，沿途讨教了几个本地妇女，居然都不认识。最后走过濂溪桥，遇到一位穿黄马甲的长者才解开谜底。并不是什么花束，而是成熟的果实——香椿籽。老人还讲，只要在春天被采过芽头的枝干就不会开花结籽。再查：香椿树雌雄异株，只有成熟的雌株才会开花，花为圆锥花序，只开在一年生枝条顶端，顶芽采摘后续发的侧芽绝没有开花结果的机会。这就是我从来没有见过香椿开花结籽的原因吧。

在电视农业节目里见过矮化密植的大棚香椿，觉得已经厉害。如今居然有了香椿苗，味道比那些从树上采的香椿芽还要好，而且一年四季随时供应。不能不感慨市场的力量。或许是价格，或许是过于脆弱，不易保鲜，这种香椿苗在我们这里还只是小众的食材。现在有朋友到家里小聚，要添个朴素的小意外，就会跑到专门供应特色食材的批发市场去买一小把娇嫩无比的香椿苗回来。

素什锦

我们小的时候市场上的食品远没有今天这样丰富，印象里当时最了不起的有一种梅林牌子的罐头。梅林的商标很别致，橘黄色，形状就像一枚小小的盾牌，上面有中、英两种文字的“梅林”。那时常见的梅林罐头也不过马蹄形的火腿罐头、扁圆形的午餐肉，还有一种四鲜烤麸。烤麸就是面筋，再加上冬笋、香菇、木耳、金针所谓四鲜用素油烧制。

四鲜烤麸是上海本帮菜。我自己因地制宜将四鲜烤麸的做法加以改良，用料更加随意，改了个名字就叫素什锦。

首先烤麸所用的面筋，在市场上很难买到令人满意的。做烤麸最著名的上海功德林素菜馆，在 20 世纪 30 年代就设立工厂自制熟面筋来烹制菜肴，至今盛名不衰。我通常用冻豆腐来代替面筋，同样都是植物蛋白，形状口感也差不太多。我们这里好的冬笋就像好运气一样可遇而不可求，大多时候只好省去不用。配料除了香菇、木耳、金针，我加了用油炸过的花生米。

此菜要用素油烧，冷餐比热食的味道好。一次可多做些，放入干净的容器里，搁冰箱，随吃随取，吃个三天五天没什么问题。

有一次在家里请同学吃饭，一位男生指着这个素什锦说：这个菜不错，怎么做的？我就告诉他：这个菜就是把里面所有的材料分别炒一下，再放在一起炒就好。他将信将疑的表情：就这么简单吗？

男生不是做菜的人，我也只当他是客套而已，不必太过当真。但我的话也不虚，这道菜简而言之就是如此，若详细说来当然和其他的菜式一样多多少少也会有一些细节把握。

材料：

面筋或者冻豆腐，冬笋、香菇、木耳、金针、花生米。冬笋没有也可省去。

做法：

1）冻豆腐化开后在沸水中煮过，用清水漂洗，挤干水分后再用清水洗，反复多次，除去豆腥味，撕成块状。

2）花生米先用清水泡过，剥去红衣，用少量油小火炒熟。

3）香菇、木耳、金针用温水泡开，清水洗净，晾干水分。香菇去蒂，切成小块；金针切段；木耳在沸水里焯过。

4）油锅烧热后，先将冻豆腐下锅，炸至微黄发硬捞出；再用少量油，将香菇投入，加少许盐和水使香菇呈至润泽滑嫩盛出待用；再将木耳和金针也用油煸炒过盛出待用。

5）如果有冬笋，切片，在开水中焯过，沥干，也炒一下。

6）重置油锅烧热后放入大料一粒、姜两片，炒出香味后放入炸好的豆腐、香菇、木耳和金针翻炒，依次加入两份酱油、一份砂糖、一份料酒，再加少许水，烧开后加盖，用小火焖至卤汁将干，放入花生米，淋明油，用大火收干卤汁即成。

提示：

做这道菜的要领：每种原料都要过油；

冻豆腐尽量炸得透，然后再煮透，烧软；

最后收汤最好到不见汤汁只见油，才入味；

喜欢颜色深些可加适量老抽；

用素油烧，冷餐比热食的味道好，可以一次多做些，放冰箱冷藏保存。

芹菜心炒百合

清炒芹菜百合，一款操作起来非常简单的菜：把鲜百合剥散，去掉发黑的鳞瓣，用清水洗净；芹菜选中间的菜心，洗净后切成大小适合的段或斜片。两样材料分别都在开水中焯一下。炒锅中放油适量，烧热可少搁几粒花椒炝锅，然后下焯好的芹菜和百合翻炒，按照自己的口味放好盐，勾薄芡即可出锅。

一提到芹菜，就让我想起王世襄的饮食之道。照王老先生的意思，芹菜不是什么金贵的稀罕菜，每天菜市儿上都有，天热的时候便宜点儿，天冷了，大棚芹菜贵点儿。可是一棵不管多大多粗多新鲜的芹菜就挑尽里头那根嫩黄的菜心，凑足了五六根、七八根，配点肉丝炒一盘，那就不简单，便宜东西也弄出讲究来了。剩下的芹菜择择，用水焯了，切碎了做馅，发面蒸包子。

再说百合。百合是一种多年生草本植物，人工培植，有了专门用于切花品种、食用品种和药用品种。百合切花，花型大，颜色多，气味芬芳，百合花又是纯洁的象征，更应了中国那句祝愿夫妻“百年好合”的吉祥话，受到市场欢迎。

药用百合和食用百合用的都是百合的鳞茎，药用的鳞茎小而苦，食用的鳞茎大而更适口。百合的鳞茎，外形就像一头大蒜，从外到里，有大有小，由老到嫩几十片上百片鳞状的鳞瓣累聚合抱而成。记得自己第一次把一头新鲜的百合小心地一瓣瓣剥开，最后看着满盘大大小小的鳞瓣，才像大悟一样明白了它为什么叫百合，心中竟有了些许感动。

食用百合有干鲜两种。新鲜的百合不容易保存，所以原先多见干百合。现在有了真空包装技术，在超市里也会买到那种小包装的鲜百合。新鲜的百合吃起来就比较随意，可蒸可煮，可荤可素。

小的时候不喜欢吃百合。每到腊八家里都熬腊八粥，粥中应有尽有，当然也少不了百合。百合吃到嘴里面面的，有些苦涩，我总要挑出来，心想为什么粥里非要搁这么难吃的东西。

现在就不同了，明白了饮食之道除了适口，还要讲膳食结构营养搭配，有兴致的时候还要煮点儿保健的粥、汤，所以家里除了必备面粉和大米，还要贮存一些杂粮和具有补益作用的药物和食物，自然也会有百合了。

其实，平日饮食并不多想什么保健养生，更多考虑的还是口感和菜型。芹菜和百合的不同口感和不同色彩让它们成为佳对儿。

芹菜便宜的时候可以偶尔奢侈一回，多买几棵芹菜，择出嫩黄的菜心，和百合一起，细细地炒出一盘颜色清淡，口味清爽怡人的芹菜百合。

汽锅鸡

——两个锅做一只鸡

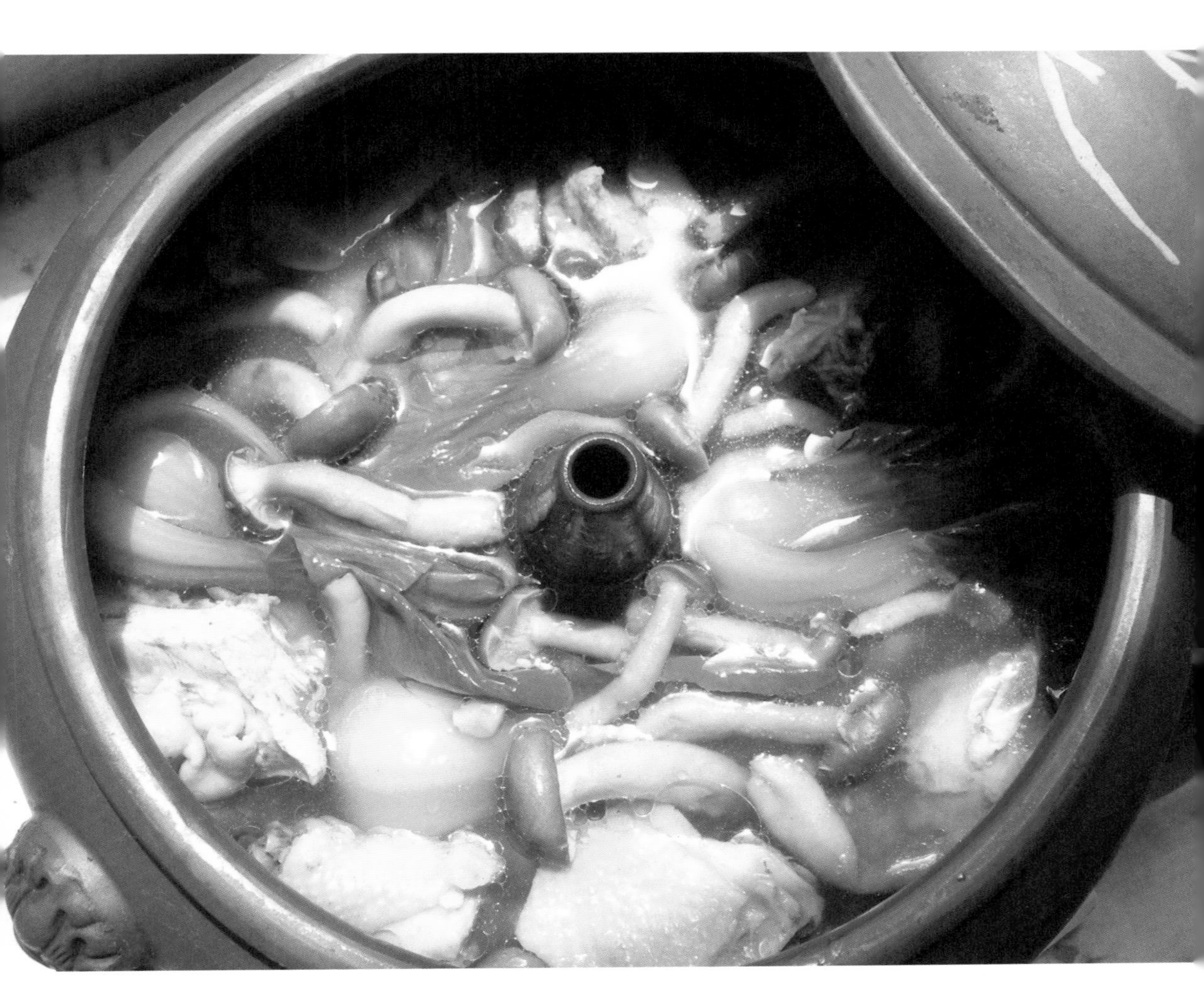

虽然也去过云南，也吃过所谓的云南汽锅鸡，但那只是旅游的团餐，我怀疑那只汽锅只不过是只盛器，所以我说正宗的云南汽锅鸡没吃过。

作家汪曾祺先生写过不少美食文章，自己也很会烧菜。年轻时曾经在西南联大读书，云南前前后后待了七年。他认为，全国各地各种做鸡的方法若来一次大奖赛，拿金牌的，应该是云南汽锅鸡。首先汽锅鸡用的汽锅，为云南建水制造。他说虽然全国出陶器的地方都能造汽锅，但别处汽锅蒸出来的鸡都不如建水汽锅做出的鸡有味道，即使是宜兴出的紫砂汽锅。汪先生这样讲显然是自己做过比较的。其次就是鸡了。当年他常去的一家馆子只记得进门处挂一块匾，上面写着“培养正气”四个大字，因此大家就称这家饭馆为“培养正气”。一说“今天我们培养一下正气”，就知道是去吃汽锅鸡的意思。“培养正气”的鸡特别鲜嫩，而且永保质量，因为他家用的鸡都是云南武定肥鸡。汪先生说：“鸡瘦则肉柴，肥则无味。独武定鸡极肥而有味。揭盖之后，汤清如水，而鸡香扑鼻。”

我自己家里有一只汽锅，虽然因为质地色泽像是江苏宜兴的紫砂，偶会被人误会。但它确确实实是云南制造，有款为证。只是阅历让它变得颜色深沉，质地有了一种成熟温润的光泽。

第一次见到这只汽锅，是在大同的舅舅家里，放在一处阳台上，满面灰尘，显然已经很久没有用过了。大同就说，汽锅，我拿走了。大家都说，瑞庆有这个兴致，拿走，拿走。

现在找一家云南风味的馆子似乎不是什么难事，我们太原也有做汽锅鸡的小店。只是现在多数的汽锅鸡，汽锅已经沦为盛器，主料配料下锅后，加高汤，入蒸箱高温蒸制。看北京电视里的美食节目，在北京很体面的云南风味的馆子，也是如此，便让人有些扫兴。想既然如此，要汽锅中间的汽孔还有什么意义，何必还摆弄汽锅，随便弄个砂锅就是了。只是弄个云南汽锅的幌子而已。

我以为汽锅鸡的妙处全然在汽锅中间的那只汽孔，要的就是那个穿孔而入的蒸汽，而后经过几个小时的等待，渐渐凝聚的那半锅清汤。这一点我是要坚持的。

做汽锅鸡，自然没有云南武定肥鸡，我便另选本地肥嫩的母鸡。先将鸡斩成一寸见方的块，在开水锅中汆过洗净入锅。有时我还嫌不够丰腴肥美，要加

几片薄薄的五花肉。蘑菇是一定要放的，比如蟹味菇就很好。如果节令合适，冬笋或者春笋也是少不了的。最后是几片姜，少许料酒，适量盐，不另加水加汤。

高压锅加水，几乎加到高压锅所能承受的最大量，盖好盖子，然后将汽锅稳稳地坐在高压锅的盖子上，让高压锅的放汽孔正对着汽锅的进汽口。点火，高压锅的水沸腾以后，蒸汽直接喷进汽锅，这时可以把火关得小一点儿，不要让高压锅的压力太大，只要维持水的沸腾就可以了，这时把汽锅的盖子盖好。由于汽锅内的汤汁全由蒸馏水凝聚而成，所以汤汁清澈，这也正是汽锅鸡的妙趣所在。

蒸的时间完全由鸡肉的老嫩决定，短的一个半小时，长的有时要三个小时。所以可以体谅馆子里的高汤和蒸箱，食客和厨子都没有那么久的耐性。要吃正宗的汽锅鸡大概也只有到云南建水，去那些数十只大小汽锅在蒸锅上叠摞成三五锅塔的专营店里领教了。

清炒银针

豆芽，老百姓的家常菜，没吃过的怕是少数。我曾在香港出版的《家庭园艺》画册里，看见过养一浅盆绿豆芽做观赏植物的，战战兢兢无限娇羞的样子，纤细鲜嫩，楚楚动人。还附有这样的说明：“一粒萌芽种子的食品价值却在一粒干种子的百分之六百以上，常用来发芽的包括绿豆、燕麦、葫芦巴、南瓜与紫花苜蓿，要准备的东西只是一个果酱罐或一团脱脂棉，再加一点儿水与一处黑暗但温暖的角落。”有一年一位朋友送我们一些当年的绿豆，于是我企图自己培养绿豆芽，但因不得法，长出来的只是一些细瘦孱弱的毛毛菜。后来还看到卖一种专生豆芽的机器，销路不大好，我想终是因为买豆芽实在是太方便的事情。

许多年前因为工作的关系，去参观过中美合作开发的平朔安太堡露天煤矿，当时那里几乎是我们开放的一个样板，到那儿去看看，尽力使自己对于现代化的想象变得具体。平朔宾馆小巧而精致，走廊铺了浅色地毯。受主人的款待我有机会品尝宾馆餐厅大厨的技艺，一次有主人作陪，一次只是我一个人的便餐。菜自然应该精美，我说应该，是因为多数的菜式很快便忘记了，记不清吃过些什么。只有一样是我一直与朋友津津乐道、至今记忆犹新的，就是“清炒银针”。

所说的“清炒银针”，就是素炒绿豆芽，最最平常的东西。上菜的小姑娘端上来摆好了，轻声地报上菜名——“清炒银针”。

夹一筷子放到嘴里，才恍然间明白过来什么叫豆芽菜，过去在刀俎之间实在是埋没了它的精妙。

要讨出精妙，一是绿豆芽要发得好，长且直；二是一律只用中间的莛子，一头的豆子一头的根子都得小心地掐去，最好是用一把称手的小剪子剪去头尾；三是不能使用酱油之类的酱色调味，怕坏了菜的颜色；四是火候，要保持豆芽的脆劲儿，一根一根地在盘子里支楞着，但还不能生了，火候一过，疲了，一点儿意思都没有了；五是分量，量绝不能大，就那么浅浅地一碟儿。

家里来了客人，我也常弄个“清炒银针”凑数，每回最先空了盘子的准是它。

烧大葱

大概各地都可以种葱，在我的印象中，山东的大葱应该最好。葱在鲁菜中的地位举足轻重，比如葱烧海参，再比如烤鸭。

梁实秋先生在《忆青岛》一文中写山东大葱"粗壮如甘蔗，细嫩多汁。一日，有客从远道来，止于寒舍，惟索烙饼大葱，他非所欲。乃如命以大葱进，切成段段，如甘蔗状，堆满大大一盘。客食之尽，谓乃生平未有之满足。"

当年出差青岛，见商店里的售货员小姑娘就以煎饼大葱做午饭。纤纤素手把一根水灵灵的大葱卷入硕大的煎饼，咔嚓咔嚓吃得津津有味，真让你觉得青岛女孩子的漂亮有几分得益于大葱的滋养。

汪曾祺先生在《四方食事》里写了:“学人中有不少是会自己做菜的。但都只能做一两个拿手小菜。学人中真正精于烹调的，据我所知，当推北京王世襄。世襄以此为一乐。据说有时朋友请他上家里做几个菜，主料，配料，酱油，黄酒……都是自己带去。听黄永玉说，有一次有几个朋友在一家会餐，规定每人备料表演一个菜。王世襄来了，提了一捆葱。他做了一个菜，焖葱。结果把所有的菜全压下去了。此事不知是否可靠。如不可靠，当由黄永玉负责。”

当时读了只是好奇，拿葱做主料，我想不出这个葱究竟怎么一个焖法，冒昧地给先生写了封信，请教焖葱的办法。先生居然就回了信，说办法就在1991年的《中国烹饪》杂志上面，让我自己去查。

王先生的“烧大葱”菜谱刊于1991年《中国烹饪》第4期，摘要抄录在下面：黄酒泡海米，海米泡开后留残酒少许，加入酱油、盐、糖。大葱十棵，越粗越好，多剥去两层外皮，切二寸多长段，每棵只用下端的两三段。素油将葱段炸透，火不宜旺，以免炸焦。待葱段炸透，夹出码入盘中。等全部炸好，推入空勺，将泡有海米的调料倒入，烧至收汤入味，即可出勺。

前两天，收到小朋友从山东章丘寄来的大葱，章丘大葱应该是山东大葱中的极品。就用我自己变更了的办法做了烧大葱。上桌，效果出人意料，口感味道与平日里大葱的印象实在太远，超出想象，大同吃了一段，问是用肉汤煨的吗?其实我只用了李锦记的薄盐生抽和一点儿糖而已。只是平时烧肉多用葱，肉借了葱的味道。难怪当年王世襄先生的一个“焖葱”把一桌子的菜都压下去了。

生姜甜醋猪脚汤

猪脚就是猪蹄,因为这个汤用的是后蹄，前蹄为手，后蹄为脚，所以特别说明是生姜甜醋猪脚汤。

最早我是在一本广州出版的《最有效食疗汤谱》中读到的，觉得挺特别，一斤醋煮一只猪蹄半斤姜，想不出来是个什么味道。

2002 年年底看首届全国电视烹饪大赛，评委里有一位非常儒雅的长者，着一件浅颜色的中式上衣，一脸宽厚温和的笑意。这才第一次知道了香港著名的美食家蔡澜。上街买回来他的《只吃半饱》《绝不挑食》，还有《蔡澜美食教室》。蔡先生真是见多识广，几乎走遍了天下，吃遍了天下。就在蔡澜的《只吃半饱》里，读到了《猪手姜》，开篇写道:“假期无事，在家煲猪脚姜，此

味孕妇产后补养食品，我最爱吃，常被朋友取笑。”蔡澜的“猪手姜”就是“生姜甜醋猪脚汤”。他解释道：“本来猪脚姜要用后蹄，但是我较爱手，每次做此菜，都改名为猪手姜。”蔡澜先生做“猪手姜”在猪蹄飞水后加了一道过油的工序，这样做出的猪蹄口感会更艮，也就是更加筋道。

北方人喜欢大碗喝酒，大块吃肉，南方人却把猪的四蹄都要分出前手后脚，北方人吃得洒脱，南方人吃得更精细。

本品的确是广东民间产后必食的汤品。据说此汤温经补血，散寒开胃。汤中甜醋能消食开胃；《本草纲目》称生姜性味辛、微温，能温经散寒、开胃，增进食欲，还能促进血液循环；猪蹄气味甘咸小寒无毒，煮汁下乳，解百毒，滑肌肤，去寒热，煮羹通乳脉。

因为蔡澜讲他最爱吃，我想一定错不了。于是试着做了一回：猪脚一只，若小些的两只，陈醋一斤，生姜五两，冰糖少许，约鸡蛋大小的一块。生姜刮去皮，洗净拍松；猪脚去毛洗净切块，在开水中煮五分钟，用清水漂净，晾干；晾干后的猪脚再用厨房纸巾擦干，过油；把陈醋、生姜、猪脚、冰糖放入砂锅，大火烧开，改用小火炖两个小时。

炖的过程中如果汤水不足，可加少量开水。

炖好叫过大同，让他尝尝。他先看了看黑乎乎的一锅，犹犹豫豫地夹起一小块猪脚，放到嘴里，还没有嚼就已经一脸的惊讶。

你真想知道一斤陈醋加一块冰糖煮出来的味道，自己试试。

原料：

猪蹄两只，姜五两，醋一斤，冰糖一大块，约鸡蛋大小。醋我用了山西太原特产的熏醋，还可以用山西的老陈醋，也非常好。

做法：

1）先把猪蹄在开水里焯过，漂净。

2）洗净的姜掰开，刮去一些皮，改刀拍松。

3）焯过水的猪蹄沥干水分，在热油中炸一下。这个步骤注意：一是猪蹄的水分一定要沥干；二是在炸时要用锅盖把锅半掩着，以免油溅出来烫伤。

4）炸到猪皮颜色发白后捞出，马上放进冰水里。

5）把猪蹄、姜、冰糖、醋都放进砂锅。

6）先用大火烧开，再转小火炖 2 个小时。猪蹄姜成熟出锅。

提示：

第 3）、4）步也可以省略，只要焯水就可以了，只是口感会有差别。

猪蹄剖开两半自然好，切时小心，没有把握，不剖也行，或者在买的时候就请卖家帮你剁好。中途加水一定要加开水，据我自己的经验，按照这个比例加好各种材料，小火慢炖，一般不需要再加水了。

学做杨公团

《中国烹饪》2008 年第一期开始，有北京市“南北一家”酒楼的白常继师傅的专栏文章，像易品《三国》、于说《论语》一样地给大家说一说中国烹饪史上的精华《随园食单》。

很喜欢其中一款“杨公团”。

文章中写：“杨明府家厨做肉圆，大如茶杯。与扬州狮子头反其道而行之，细腻到极致，汤鲜得很，圆子入口即化嫩得很。制此菜须取鲜肉，肥瘦各半，去筋节，斩剁极细，微加些芡，关键在打水，每斤须打入半斤水，水多了澥松，水少了不嫩没技术。打好后要凉水下锅，慢慢升温炖之。热水下锅则肉圆里面发红，系血水焖在里面的缘故。”

特意去查了《随园食单》，在《特牲单杨公团》一则中袁枚的原文是："杨明府作肉圆大如茶杯，细腻绝伦，汤尤鲜洁，入口如酥。大概去筋去节，斩之极细，肥瘦各半，用芡合匀。"

在白师傅的文章中，拿杨明府家厨做的肉圆和扬州的狮子头做了比较：同样是肉丸子，做法却大不同。扬州狮子头是淮扬菜的经典菜式，传统的做法是取肥七瘦三的猪肋条肉切成石榴粒状后制成肉团，现在做法多减少肥肉多加瘦肉，大约也就肥瘦各半，因为瘦肉太多肉丸不嫩。杨明府家厨做的肉丸子是将肥瘦各半的猪肉斩剁极细之后，用芡粉合匀。

"微加些芡"，会烹饪的人也多知道，肉丸子加多了芡粉质地发紧。初学的人往往怕丸子会散，所以多加芡粉，肉圆成形，却影响口感。

"关键在打水，每斤须打入半斤水，水多了澥松，水少了不嫩没技术。打好后要凉水下锅，慢慢升温炖之。热水下锅则肉圆里面发红，系血水焖在里面的缘故。"这个显然是白师傅自己的体会和经验，也是做这道杨公团的秘籍所在。

自己动手：先买肥瘦猪肉各一半，请肉摊的老板先绞成肉馅，这步偷了懒。回家后在案板上摊开肉馅，挑干净其中的筋丝，再用刀背斩成细致肉泥，尽可能越细越好。加入一半的水因为白师傅说了这是关键，所以肉和水都称过。葱姜剁细取汁加入水中，少加一点芡粉，新鲜的猪肉不要加太多的味道，少加盐，拼命搅打。

砂锅加凉水，搅打入味后的肉馅做成茶杯大小的肉团，放入加了凉水的砂锅。我想茶杯应该是功夫茶的茶杯吧。开小火让其慢慢升温，接下来就是耐心地等待。上桌之前在汤里加几根烫过的菜心。

杨公团妙不可言。

白萝卜丝汤汆丸子

一位单身的同事问我，有没有一个做起来简单，有荤有素，连汤带菜，还又有营养的菜式。我就给他推荐了汆丸子。这也是当年我自己单身的时候常做的。

汆丸子做起来确实非常方便。肉店里可以买到现绞的肉馅，要肥要瘦全由你自己的口味。肉馅里加入调料搅拌均匀，火上坐一锅清水，不必等待水开，温水甚至冷水即可开始操作。你也不必像真正的大厨那样左手团着肉馅从虎口挤出漂亮的肉圆，就用一支小勺挑出大小适中的一团肉馅放入锅中即可。丸子的形状虽然不大标准，但味道却是完全一样。丸子快熟的时候，放入切好的蔬菜，等水再开一个大滚儿，就可以起锅了。

至于蔬菜，白菜、生菜、萝卜、冬瓜任选。白菜最好只用菜心。萝卜还是要买那种上下一般白的白玉萝卜，质细味美。用冬瓜或白萝卜时最好先擦丝，这样做出的汤显得细致。

当然汆丸子和做其他任何菜式一样，要想做得精到也不那么简单。就像淮扬菜中的狮子头，也要掌握几处要点，否则做出来的丸子很柴、塞牙，或把汆丸子煮成一锅肉末也是常有的事情。

首先肉不宜太瘦，适当搭配一定比例的肥肉。绞好的肉馅最好再在案板上略剁几刀，因为肉在绞制的过程中，会有一些没有绞碎的筋筋绊绊缠绕在一起，影响口感。肉馅中的调味可以根据自已的口味来调配，只要材料新鲜，只需放盐和少许姜末，喜欢还可放入一点儿切碎的葱，淀粉也不要加放太多，有人怕丸子不易成形，加很多淀粉，这也会影响口味。最好加些蛋清进去，这样做出的丸子更容易成型，吃起来口感会更嫩。

调好的肉馅要尽量搅拌均匀，我曾见专业的厨师在调和肉馅的过程中不只是在容器中搅和，还要把肉馅拿在两手之间或在案板上反复摔打，这大约也是秘籍之一。肉馅调好后最好在冰箱里放一会儿，冷藏入味。

最后一点非常重要，就是丸子在汆水的过程中，温水或者冷水下锅，直到锅里的水微开后保持微开的状态，当所有的丸子都汆好并漂浮至水面，再转大火烧开，此时加入配菜。还有就是肉馅和汤里都不要放酱油。

这是个清淡的菜式，口味重的人也许不大喜欢。

酸汤饺子
——我家的快餐

家里吃饭也有凑合的时候，就说："简单点儿，咱们就吃酸汤饺子吧。"酸汤饺子是我们家的快餐，就是速冻饺子加上一点儿变化而已。

其实酸汤饺子是经中国烹饪协会评定的"中华名小吃"，最有名的是西安老字号白云章酸汤水饺，白云章被西安老孙家饭庄兼并，就成了老孙家白云章。酸汤水饺据说已经有一千多年的历史，白云章的酸汤调制独特，味道鲜美酸香，最特别的地方是要熬醋，醋入锅，加水，再投入八角、茴香、丁香小火熬制，泛泡以后加红糖，成甜醋。然后用甜醋、酱油、鸡油、香油、牛油、虾皮、熟芝麻、香菜末、韭菜末等 13 种调料。

自己家里没有那么复杂，速冻饺子一袋，只要质量稍好些的，猪肉、羊肉和素馅的均可，或者各种饺子都来几个。香油、荤油，如果有现成的鸡油或牛油最好，我自己是在煮鸡汤的时候，留心把汤里的鸡油撇出来，放在冰箱里，用的时候有一点儿可以支撑。还有盐、生抽、胡椒粉，最重要的是醋，好在我们山西有非常好的老陈醋。在煮饺子的同时，配制酸汤的调味：每人一只汤碗，放入香菜、黄芽韭。加一汤勺醋，适量荤油。再按照各自的口味加好盐、生抽、香油和胡椒粉。饺子煮好后，先把一大勺饺子汤浇入调制好的汤碗内，再连汤和饺子一起盛入碗中，喜欢吃辣的人还可以加一点辣椒油，一大碗酸汤饺子就做好了。这碗带汤的饺子不光味道好，碗里的颜色红黄绿白，赏心悦目。

以我自己的经验，酸汤饺子有几个关键，醋要好，生抽要好，生抽味重色淡，汤色不至于太深。黄芽韭也是不可少的，还有就是鸡油，有鸡油和没鸡油真是大不一样。虽然我自己做饭从来不用味精和鸡精，但它方便实用，确实是职业女性的好帮手，没有鸡油，就放些鸡精也好吧。

黄瓜清粥

黄瓜过去是季节性的蔬菜，只有夏天才有，现在无论冬夏，都可以吃。冬天的黄瓜是在温室里种的，所以根据不同的栽培环境，菜农分别称它们“大地黄瓜”和“大棚黄瓜”。“大棚”成本高，价钱也贵，味道并不见得好过在自然环境里生长的“大地”。

我们本地出产的是那种属于“小黄瓜”的品种。瓠果呈棒形，色泽深绿或黄绿，身上有刺。现在的菜农卖菜也讲艺术，无论黄瓜的老嫩，总是小心地保存着顶部的花瓣，使其作鲜嫩状。若再碰上下着小雨的天气，个个头顶黄花，似乎都水灵灵地鲜嫩无比。

黄瓜当然是要吃其嫩，吃其脆，即便如此，买了老黄瓜也不必发愁，可以用它来熬粥。黄瓜切成三厘米的段，去皮，切成薄片。水开之后放入淘洗干净的大米或小米，再放一块拍松的生姜，大火烧开后改用小火慢煮，米烂下切好的黄瓜片，再煮片刻放一些精盐，起锅。黄瓜粥健脾养胃，清热解暑，肥胖的人食用还有减肥作用，夏季可以和绿豆粥交替食用。当然，做黄瓜粥并不排斥使用嫩黄瓜，那样只能使粥的味道更好。

切下的黄瓜皮可别扔掉，配姜丝蒜泥和辣椒丝，在极热的素油中爆炒，并快速加糖、醋及精盐起锅，这就是酸甜脆爽的炒黄瓜皮。听说有人能把整条黄瓜皮旋着切下，然后改刀。那一定是有很好的刀功，如果刀功好，炒出的菜就更精致了。

全菠菜糊的翡翠揪片儿

常见一些家长为自己的孩子不吃青菜而烦恼，记得有一则笑话：大人对孩子说，你要珍惜今天的幸福生活，要多吃青菜，非洲的孩子是吃不到青菜的。孩子说，那么我把这些青菜省下来给他们吃吧。要对付这样调皮又聪明的小宝贝有一个好办法，那就是请他吃翡翠面。

山西人喜欢吃面食，所以面食也吃出许多花样，刀拨面、刀削面，剔尖、溜尖，拉面、揪片，这些品种在外形和口感上都各有特色。

翡翠面的特点是它的颜色，顾名思义是像翡翠一样碧绿的面了。翡翠面的颜色来自掺在面里的青菜。

买一些菠菜，洗净后切段，防止菜筋会缠在食品粉碎机的刀轴上。在机器里稍加一些水，将菜陆续放进去，搅成糊状，把菠菜糊直接倒入面粉，不必另外加水，面和好，擀开后可依照自己的喜好，或切条，或揪片。也有人用菠菜汁和面。而这个面是用菠菜糊。我觉得比只用菠菜汁好，菠菜的纤维质都在面里了。

碧绿的面条再配上红色的西红柿汁。这碗翡翠面朴实中透着一点精细和时尚，孩子也会感到新鲜好奇吧。

长山药，怀山药，铁棍山药

小时候，爸爸在我们自家的小院儿里种过几畦长山药，记得为了利于山药根茎的生长，爸爸特意深翻了土地，还在土中掺了沙子。最后收获的虽然只是一堆状如拇指的玩艺儿，全家人依然是欢天喜地。

长山药最早叫“薯蓣”，《本草纲目》在其［释名］中写道：“薯蓣因唐代宗名预，避讳改为薯药，又因宋英宗讳署，改为山药，尽失当日本名。”

长山药既可入馔又是良药，多用作强健脾胃，补肾益肺。贾所学的《药品化义》说：“山药，温补而不骤，微香而不燥，循循有调肺之功，治肺虚久咳。因其气香味甘，用之助脾，治脾虚腹泻、四肢困倦。”还有人说它特别适合更年期的妇女食用……总之长山药既营养，口感又好，多吃总没坏处。用老百姓的话说：是好东西。

怀山药是特指产于河南焦作一带的山药,中药材里用的怀山说的就是此山药。所谓怀山药，因地而名。古代有怀庆府，辖河内、温县、修武、孟州、济源等县，今焦作即古怀庆旧地，因而称怀山药。除了山药，此地还出产地黄、菊花、牛膝，品质优异，为道地药材，称为四大怀药。

铁棍山药为怀山药中的“极品”。去年去郑州，见超市有卖两种山药，一种硕大粗壮，河南人称菜山药。另一种拇指粗细的，就叫铁棍山药。今年五月初时，大同去河南焦作的云台山旅游，铁棍山药作为当地的名产，街头巷尾几乎随处可见。其实，街头买到的铁棍山药外形相似，口感还是略有不同，同样入笼蒸透，有的质地结实入口有些紧，有的则质地略显得疏松，口感干面，似乎还有一点儿糯。据说鉴别上品铁棍山药的依据：粗细均匀，毛须略多，表皮有铁锈色的比较好。铁棍山药最有趣的是极耐贮存，久贮不败。有一回吃剩的一根铁棍山药遗忘在了阳台上，几个月后居然生出一根一米多长的莛子，依在窗上生机盎然。

长山药也可以生着吃，生吃长山药不多见。我是先将长山药仔细削去外皮，然后用清水洗净，切薄片，在盘子里码好，上面撒白糖。这一款生拌长山药，非常清脆爽口，第一次吃的人多有一点儿意外的惊喜。

今天这款生拌长山药就用了从焦作买来的铁棍山药。山药洗净，去皮，切片，根据自己的喜好加入适量细砂糖。

生拌紫甘蓝

《三联生活周刊》有一期是以糖尿病为主题，其中一篇文章，标题就够吓人一跳——《向糖尿病飞奔而去》。讲我国的糖尿病发病率为世界第二，成为仅次于印度的糖尿病大国。

尽管糖尿病的治疗如今已经不是什么医学的难题，也有有效的药物可以使得病的人过正常的生活，但也因此使一些人忽视了自己对待生活和疾病的态度。一次几个熟悉的人在一起吃饭，餐前有位大腹便便者不管三七二十一，居然当着众人掀起衣襟就在肚子上打胰岛素，打过之后便大吃大喝起来。

大同常调侃说人是猴子变的，就应该像孙悟空那样住在花果山，食物要以蔬果为主，肉吃多了肝胆胰腺自然不能承受其重。别以为这是开玩笑，还真有点道理在其中。

那篇文章这样说道：“在漫长的进化过程中，食物缺乏一直是人类面临的最主要威胁，由于食物供应的不确定性和食物不能长期被保留，人类一直过着饱一顿、饿几顿的生活，能够最大限度有效利用食物的个体从而拥有生存上的优势。在经历了反复的饥荒选择后，具有生存优势的个体和他们体内的基因，就会通过自然选择的方式被保留下来。”

同胰岛素分泌有关的基因就是这样保留下来的。它会在人们饱餐之后最大限度地转化利用血液中的葡萄糖，多余用不完的又会贮存在肌纤维和脂肪里，用来救急。科学家给这种基因起了一个很恰当的名字，叫做“节俭基因”，就像一个穷苦出身又聪明能干的人既会充分利用每一个铜板又要存钱以备不时之需。

人类进化、科技发展、医学进步在改变着世界，改变着人类的生存状态和生活方式。就连人类做梦都想要的长命百岁，也让人的优势基因变成了劣势基因——更多的人活到老年却不得不忍受衰老的摧残。

说到这里又想起猴子，那年去峨眉山看猴子，导游事先一再叮嘱大家，不要用自己带的食物喂它们，多年以来山里的猴子已经被山外的游客宠得格外顽劣不说，还得了“三高症”——高血脂、高血糖、高血压。

人毕竟不是猴子，人懂得反省选择克制妥协。小时候在餐桌上接受的教育是：好孩子不挑食，好孩子不能见了喜欢的东西就拼命吃、不喜欢的就一口也不吃，好孩子……也算金玉良言，不只是在培养我们健康的教养，也培养我们对待食物健康的态度。

健康的吃、吃健康的食物是我们追求的目标。

今天生吃菜的材料是紫甘蓝。

甘蓝是糖尿病患者和肥胖者的理想食物。据说西方人用甘蓝做偏方治病就和我们用萝卜一样常见。

甘蓝，学名结球甘蓝。属十字花科，就是圆白菜、洋白菜、包心菜、卷心菜，紫甘蓝是甘蓝中的一种。好多年前第一次见到时，就被它的颜色吸引，那艳丽炫目的色彩感觉不像是用来被人吃的。这是西方人爱吃的菜，常常用在西餐的沙拉里。这种紫甘蓝结球紧实，小小一颗，细切成丝会切出大大的一堆，就是常话说的“很出数”。口感比白色和绿色的甘蓝略硬实，非常适合生吃，生吃也更多地保留原本的养分和美丽的色彩。

材料：

紫甘蓝适量，蒜茸，糖，醋，干辣椒。

做法：

1）洗净的紫甘蓝切丝，尽可能切得细，用少许精盐拌匀后腌制十分钟左右，去除一些生味。

这段时间可以用蒜茸加入1：1的糖醋混合成调味汁。当然也可以根据自己的喜好调味，可偏酸也可偏甜。

2）炒锅加适量植物油，烧热，放入花椒、干的红辣椒，浇在甘蓝丝上，拌匀。让每一根菜丝都被花椒油滋润得亮起来。

3）上桌前浇调味汁，拌匀，吃。

提示：

做法同样适用于白色和绿色的甘蓝。

姜丝炒肉

姜丝炒肉，用的是嫩姜，炒出来的姜丝才会脆嫩。

葱、姜、蒜，是我们日常饮食中最常用的烹饪佐料，据说一种两收，早秋收嫩姜，霜降前后，茎叶枯黄，则收老姜。嫩姜，也称子姜，纤维短细，质地嫩脆，有轻微的辛辣香味。

早年，北方菜市只有老姜，专做调味，鱼肉尤不可少，所以才有“姜还是老的辣”之说。我甚至猜想多数当地人可能根本就没有见过嫩姜。如今，我们这里也有了嫩姜，是时令菜，所以一见有卖就买来多炒几次。

姜丝炒肉，材料简单好操作。这是家人爱吃的菜，尤其喜欢里面的姜丝，嫩嫩的，脆脆的。夏天多食生冷，容易胃寒，吃几次姜丝炒肉，倒是可以暖胃却寒。

姜本身的味道辛辣芳香，加在菜肴中具有提鲜的作用，是灶间少不了的调味品，荤菜素菜都离不开它。其次它还可以入药，能解半夏、天南星等中草药以及鱼蟹、鸟兽腐肉之毒。我国种植生姜的历史悠久，距今两千年的周代，就有了这方面的记载，《吕氏春秋》上说：“和之美者：相朴之姜。”唐代诗人李商隐有“蜀姜供煮陆机莼”，宋代文学家苏轼有“先社姜芽肥胜肉”的诗句，足见姜的绝妙。

材料可以根据自己的喜好调整。喜欢吃肉的就多加肉丝，喜欢姜的就切多多姜丝。嫩姜切片切丝，瘦肉切丝，少许盐、生抽、胡椒、色拉油调味腌制。生抽少放一点，不要改变肉丝的颜色。

炒锅油热之后，下肉丝炒至变色，加入姜丝，炒匀出锅。

红苹果酒卤猪腩

用酒煨肉的菜式很多，比如清代袁枚的《随园食单》就有“红煨肉三法”和“白煨肉”两篇。“红煨肉三法”：每肉一斤，用盐三钱，纯酒煨之。再有“白煨肉”：每肉一斤，用白水煮八分好，起出去汤，用酒半斤、盐二钱半，煨一个时辰。

香港食客蔡澜有《蔡澜美食教室》一书，第二篇就是《请阿妈食——玫瑰露五花腩》，里面有这样的话：“用玫瑰露煮五花腩最好，酒中的香和甜，与猪肉配合得天衣无缝。平时焖猪肉一定要放冰糖，但玫瑰露的甜味已经可以代替。”

朋友也用整瓶的绍兴花雕煨肉，煨得厨房里酒香四溢，肉出锅装盘，和家常炖肉相似，并没有多少绍兴黄酒的味道。

我倒觉得蔡澜的办法更多趣味，只是在我们这里的超市可选露酒不多，上一次做这个菜的时候没有找到他说的玫瑰露酒，我用了北京出的桂坊陈酒，效果不错，有很浓的桂花香。这次在超市里拣了一瓶青岛出的金玛丽红苹果酒，颜色还算漂亮，味道酸酸甜甜，酒精度只有 5%。

猪腩是广东人的说法，其实就是猪肚子上的那块五花肉，有肥有瘦。先用中火干煎，就是锅里不放油，煎的过程中肉自然会出油，所以选肉宁可肥些也别太瘦。煎至猪肉自身内的油脂溢出，肉会变得越来越软，越来越透明，直到微黄上色，肉至半熟就可以加酒了。酒量多少，淹没肉即可，加酒之后不再放任何调料，大火烧开后小火再煨约两个小时，酒快干时肉已变得粉红，香气更浓，再加适量冰糖，大火收汤，待汤汁浓稠发亮就好，出锅。

卤好的肉晾凉切片，浇些粉红的汁，吃的时候再蘸一点儿汤汁，滋味无穷。

这个菜又软糯又香甜。我自己家的人恰好喜欢吃又甜又糯的，这款苹果酒煨的猪腩一定能给家人一点儿意外。即使不喜欢吃甜的人，偶尔换一换口味，也可以平添一点儿厨房的乐趣。

网上查玫瑰露酒，有天津和广东两地出产，我们山西太原过去从来没有见过。近些年这里广东的饭馆开得多了，市场的南味调料店也跟着开了起来，玫瑰露酒也有供应，只是一般超市不见有卖。看玫瑰露酒的制作办法倒与山西的竹叶青相近，都用白酒做底，都用到糖，只是一个用玫瑰，一个用竹叶，一个无色，一个青绿。倒不妨哪天用整瓶的竹叶青做一块五花腩，怕也是妙不可言吧。

材料：

猪五花肉 250 克；蔡澜先生用的是玫瑰露酒，我自己用过北京出的桂坊陈酒和青岛出的金玛丽苹果酒，1 瓶；冰糖适量。

做法：

1）锅中不搁油，把肉放入锅中，用中火干煎，煎的过程中不停翻动肉块，使每一个面都煎到，不要煎糊。

2）待肉微黄上色至半熟时，倒入苹果酒，淹没猪肉即可，绝不再放油盐酱醋任何调料，大火烧开后用小火煨。

3）煨大约两个小时。在煨的过程中肉变成粉红色，发出浓郁的香气。等到酒快

煨干时，加适量冰糖，用大火收汤。

4）汤汁浓稠发亮即可出锅。

5）出锅后，稍晾切片，上浇煮肉时的汤汁。

提示：

可选自己喜欢的果酒试做此菜；

煎肉的过程要注意不要煎糊，要煎到肥肉变成透明，肉质变软；

汤汁不要收得太干，要留出汤汁；

肉一定要晾凉再切片。

木耳拌雪梨

——惊蛰吃梨

不知从什么时候开始，惊蛰这一天要吃梨。恰好又有几个朋友来，炒几个菜，请他们吃晚饭，就有木耳拌雪梨。

雪梨2个，去皮切大块，先加一小撮盐、一点儿胡椒粉和柠檬汁拌匀；泡发好的黑木耳在开水中煮过后过凉，放在拌好的梨上，上桌之前浇加热的花椒油。如果用橄榄油，可以直接加入，不必再加热。喜欢还可以再在上面放一点辣椒碎，增色增味。

梨，《本草纲目·果部》称：梨种殊多，并皆冷利，多食损人，故俗人谓之快果，不入药用。

梨是个下火的水果，吃梨的方法很多，生吃，榨汁，煮食，还可以烤着吃，或者和白萝卜一起煮甜水，加蜂蜜。看过一个最妙的方子，将梨果肉切丝，氽熟，铺底，上放京糕丝，淋蜂蜜，不知道有什么神奇的疗效，好吃恐怕是真的。

木耳，就是黑木耳。褐色，子实体略呈耳形。据说黑木耳可降低血黏度，是保健食品，现在很流行吃它，就说说它吧。

木耳生长在枯死的树干上，《本草纲目》："木耳生于朽木之上，无枝无叶，乃湿热余气所生。"还说："木耳各木皆生，其良毒亦必随木性，不可不审。"现在人们多用阔叶树类的椴木和木屑进行人工栽培。

木耳当然还是野生的好。一位内蒙古的朋友曾经寄过一大包，并特意说明是野生而非人工培植。表面看去这些木耳略有些细碎，捏一小撮用温水却泡出满满一大碗，而且个个润泽肥厚，齐刷刷就像刚刚睡过醒来的样子。现在都是从超市里买那种人工培植的了。

在山东农业厅的《农业知识》杂志2005年第9期，有一篇题为《著名心血管专家洪昭光谈黑木耳》的短文，文中说"黑木耳这个东西特别好，它可以降低血液黏稠度……一天5至10克，每天都吃一点，做汤做菜都可以。"文中还有一个方子，抄录如下：10克黑木耳，50克瘦肉，3片姜，5枚大枣，6碗水，用文火煲，煲成两碗汤，加调味，每天吃一回。

据说这个配方效果不错。但是文中没有说明这"10克黑木耳"是干的还是泡发好的，我自己试了一下，10克左右干的黑木耳泡水后能发满一碗，直径15厘米的碗。那"6碗水"的碗也不知该用多大。所以对于这样的配方实际操作起来可以随意些，各种材料多一点少一点不必太拘泥，都是平常的食材，吃多吃少该无大碍。

李时珍的《本草》说：“木耳乃朽木所生，得一阴之气，故有衰精冷肾之害也。”但我有时就想借木耳的一阴之气，可润燥通便。

这篇《惊蛰吃梨》在梅子咖啡里发过后，有人问惊蛰为什么要吃梨，我特意上网去“百度知道”查了，尽我所知回答一下：惊蛰吃梨是民间习俗，大约是因为春季气温时暖时寒，气候也比较干燥，人容易上火，感冒咳嗽；据说惊蛰这一天是各种小生物小虫子什么的冬眠苏醒的一天。提醒大家要清火败毒。生梨性寒味甘，有润肺止咳、滋阴清热的功效，特别适合在这个季节食用。

糯米藕

我们这里习惯把藕叫作莲菜，实际藕是莲的根茎。莲的种子就是莲子，可以吃，也可以入药。莲的叶子可以煮荷叶粥，做荷叶鸡、荷叶粉蒸肉。就是称为芙蓉的莲花，吃了都可以美容养颜。莲藕浑身上下，甚至包括丢弃不用的藕节都可入药。藕洁白无瑕，肉质细嫩，嚼起来鲜脆甘甜，所以好多人都喜欢吃它。李时珍称藕为“灵根”，说它可“止怒，止泻，消食解酒毒”，“常食可令人心欢”，“捣浸澄粉服食轻身益年”。有这么多的好处大家可一定要多多的吃。

读浦江清（1904—1957）的《清华园记》有这样的记载：“一九二九年二月四日星期一，至西院理初家。理初饷客以糖藕，其夫人手制也。法以糯米实藕孔中，煮熟，切片，拌糖食之。此在江南颇普遍，而北地则不见有此种吃法。”曾任教于清华大学、西南联合大学、北京大学的浦清江是江苏松江人，在北方居然吃到让人思乡的糯米藕想必是很亲切吧，所以在日记里要特意记一下。

这个糯米藕我自己也做过多次，效果不错。具体做法是：去皮洗净的生藕保持藕段的完整，将一头切下，把藕孔内冲洗干净，沥干水分。糯米预先就要泡好，从生藕的切口灌入，灌满后用牙签把切下的藕头插好，保持藕节原状，防止糯米散落，放入高压锅蒸 15 分钟，出锅后切片放盘中，上面浇蜂蜜或白糖。

朋友小忠会烧菜，赶上亲朋好友聚会常请他来帮厨，他糯米藕的做法更精到，所以他做的糯米藕也格外好吃。我总结他的经验：米要泡得充分，还要灌得扎实。不用蒸，在高压锅里加水加冰糖煮，水要没过藕。高压锅煮 15 分钟左右，离火，等到可以打开盖子后重新上火，用大火收汤，中间还要常常用勺子把汤汁浇到藕节上，最后汤要收得浓稠，颜色也变成绛红色才算做好。

清炒芥蓝

——芥蓝如菌蕈，脆美牙颊响

那天问门口卖菜的大李，为什么没见他卖过芥蓝。大李说摊子上没卖过，可天天给饭店里送，如果想要，下一天就捎些回来。

芥蓝，属于甘蓝类蔬菜，原本生长于南方，在广东广西一带是很家常的菜。

随着粤菜的普及，来到山西。在馆子里吃过，总是绿绿的脆脆的。芥蓝的栽培历史很悠久，宋代苏东坡被谪岭南，就吃过芥蓝，所以有“芥蓝如菌蕈，脆美牙颊响”的诗句流传。

苏轼，有大智慧的人。多才多艺，几经宦海沉浮，对人生自有其体味。在京城享用都市繁华，在乡村体验质朴生活的乐趣。诗人的情怀让他能见到常人不能见之美。面对困境时随遇而安旷世达情，一生多彩多姿，过得超然洒脱。是懂得享受人生每一刻时光的人。

苏轼享受人生，自然要享受美食美味，所以他称自己为老饕，在自己的诗里写鱼写肉，写蔬果写美酒，还要亲自动手做菜酿酒。长江里的各种鱼鲜和虾蟹都被他吃过了，还吃河豚果子狸，不但自己吃，还要送给别人吃。

他刚刚被贬到湖北黄州，就说这个地方不错呵，“长江绕廓知鱼美，好竹连山觉笋香。”还写了那首明白如话的《炖肉歌》，用风趣的语言说出炖肉要诀，这就是东坡肉的由来。后来下放至广东的惠州，在吃过荔枝后又说“日啖荔枝三百颗，不辞常做岭南人。”他真的在惠州盖了房子，种了果树，准备安居终老。还写诗描述了自己在春风中酣睡，听到房后寺院的钟声传来。不巧被政敌看到，认为如此惬意的生活不利于他的思想改造，新贬谪令颁发，于是苏轼又被流放到海角天涯的海南儋州。

海南岛，古人称瘴疠之地，认为是不适合居住的地方，夏天潮湿气闷，冬天有很重的雾气，秋天又阴雨连绵，所有的东西都腐朽发霉，散发出有害健康的气体。苏东坡却在这儿常常看着儿子与人下棋，乘着月色到海边散步，有时碰上下雨就穿庄稼人的蓑衣斗笠和木屐，趟着泥水回家，引得邻居大笑，连狗都叫了起来。他吃了当地人送的鲜蚝，认为真是天下美味，写信给他的弟弟：“无令中朝士大夫知，恐争谋南徙，以分其味。”不要把食蚝的事让朝中官吏知道，恐防他们都争着被贬谪到岭南，来分享鲜蚝的美味。难怪林语堂先生说了，苏轼像一阵清风度过一生，活得快乐而无所畏惧。

新鲜的芥蓝买来，削去外皮，无论切片还是切块放入锅中急火炒熟，保持着清绿的颜色和爽脆的口感。看网上说芥蓝味道微苦，可加酒和糖。其实那种微苦的味道正是它的特色呢，不然为什么苏轼也会说“芥蓝如菌蕈”。

听着它在自己齿颊间欢快地歌唱，似乎也体验到了大诗人心灵的喜悦和思想的快乐！

皮冻儿

皮冻是北方人喜欢做的一道小菜，尤其过年，好多人家都做。

那天去同学家玩儿，晚饭时就有皮冻这道菜，是男主人做的。大同看着盘子，嘴里发出啧啧的赞叹声，因为他知道这个皮冻虽说简单可要做好做漂亮得有点儿耐心才行。

有人吃猪肉时不吃猪皮，把猪皮扔掉。有人干脆买肉的时候皮就不要了。其实猪皮能成菜好多人都知道，只是嫌麻烦不愿意费功夫而已。我平时买了猪肉回来先去皮，再切成小块用保鲜膜包好，放入冰箱冷冻室保存，做菜的时候就方便省力，免去面对一大块硬邦邦的冻肉无从下刀的尴尬局面。切下的肉皮洗净

也放入冰箱保存，积攒得多了就可以用来做皮冻。

皮冻是一道低成本的菜，我也见过一些熟食摊上卖的，褐色的，大约搁了酱油的缘故，皮上带有淋漓的肥肉，猪毛依稀可辨，确实不敢恭维。其实猪皮冻也可以做得很漂亮，就像花洋布照样可以做时装一样。

首先要择净猪毛，把猪皮刮净漂净，在锅里略煮一下，只要水煮开后 2 ~ 3 分钟即可。晾片刻后再用刀把皮上残留的肥肉去掉，一定要去除干净，这一点非常重要。然后切成细条，用清水多淘洗几遍，这一点也非常重要。加 2 ~ 3 倍的水，加葱一小段，加姜两三片，大火煮开，小火煮 2 小时左右，或煮至汤黏手。黏不黏手可用筷子蘸汤汁后用手试一下，千万别把手直接伸进锅里。感觉汤汁黏了再放盐略煮。起锅后捡出葱段姜片，晾凉，最好再搁冰箱里冷藏一夜。这样做出的皮冻又好吃又好看。

吃的时候切成小块，按自己的口味调一个汁儿或者凉拌或者蘸食。

当然这是一件比较麻烦的事，想弄得很好得费点功夫。有人嫌烦不愿意做。但是猪皮富含胶质，自然也有益处，据说常吃可以除皱美容。这一点又恰恰是好多人所渴望的。

红薯煎着吃

红薯、甘薯、山芋，还有红苕、白薯、地瓜其实指的都是同一种东西。小时候，特别爱吃河北老家的红薯，那多是父母的亲朋好友从窖藏了一冬的红薯中精心挑出来的。记得有一种形状细长，红皮黄瓤，入口又甜又糯；还有一种长得圆圆笨笨的，皮色浅粉，蒸熟后掰开，中间发白，吃起来不只是甜，还很干很面。

把红薯放进焖着的炉子里烤，烤软了熟了，会有黏黏的焦糖汁流出来，拿在手里热乎乎的，这就是很奢侈的零食了。如今家里已没有了那种终年不熄的炉火，偶尔也会从街边的小贩那儿买一两个烤好的红薯吃，虽然温馨的感觉依旧，却再也吃不出当年的味道了。

有一种方法能够让红薯接近当年的味道，这种方法简单到不值一提，正因为简单却好吃又忍不住地想要说一下。

大个儿红薯去皮，切 1 厘米厚的片；平底锅烧热后放少许植物油，放入切片的红薯，加盖，用小火煎 3 ～ 5 分钟，翻面再煎 3 ～ 5 分钟就好。

油不要放多，只要不粘锅就好，如果用不粘的平底锅更好。

煎的过程用小火煎，无需加水，红薯自己会蒸发水分。

煎好的红薯可以当早餐，可以当甜点，如果你的饭量不大，还可以当作晚餐的主食。

萝卜皮小菜
——方言的趣味

太原人多吃白皮白心的白玉萝卜。退休后到河南郑州生活了几年，才知道本地人更钟情本地出产的绿皮绿心的青萝卜，吃了几回倒也随了当地人的口味，也改吃青萝卜。无论是白玉萝卜还是青萝卜，削下来的萝卜皮大多时候也就扔掉了，挑些鲜嫩厚实的做这道小菜，也算是废物利用。这是大同喜欢的小菜，说小时候外婆常做的。

用山西话讲这个菜的特点：脆格生生，白格洞洞或是绿格森森。脆格生生，白格洞洞，绿格森森，这是山西和陕西北部黄河两岸的方言，喜欢用衬字和叠音。要用本地话说出来，极有歌唱韵味的。抄一段山西民歌《夸土产》的唱词：

> 平遥的牛肉太谷的饼，清徐的葡萄甜格盈盈，
> 榆次太原祁县城，拉面削面香煞人。
> 大同的皮袄白格洞洞，平鲁的栲栳栳热格腾腾，
> 阳泉煤烧火不呛人，平定的砂锅兀家亮晶晶。

高平的萝卜晋城的葱，夏县的莲菜脆格生生，

脆瓜子出在临县城，汾阳的白酒兀家实在有名。

交城的俊枣儿甜格酩酩，曲沃的丁丁烟香格喷喷，

武乡的柿子甜又儿红，介休的陈醋酸格淋淋。

我原来工作的院子是个作家诗人扎堆的地方，每有聚会，酒过三巡，菜过五味，借一点儿酒力，各种表演精彩非凡，闹到终了每每用一首山西左权的民歌《亲圪蛋下河洗衣裳》作结，一人领唱，众人合声，达至高潮：

亲圪蛋下河洗衣裳，双各丁跪在那石头儿上呀，小亲圪蛋。

小手手红来小手手白，搓一搓衣裳把小辫儿甩呀，小亲圪蛋。

小亲亲呀小爱爱，把你那好脸儿扭过来呀，小亲圪蛋。

你说扭过就扭过，好脸儿要配好小伙儿呀，小亲圪蛋。

“各丁”就是“膝盖”。这首民歌唱时要用道地方言，比如“小亲圪蛋”的“亲”用后鼻音，“蛋”发“呆”音，发声要用现在流行的所谓“原生态”唱法，不能把这首歌的原汁原味破坏掉。

好了，收住闲话，说回做菜。做这个萝卜皮小菜要选新鲜水灵的大萝卜，洗干净后先切成段，再把皮削下来，皮切得薄厚都没关系。不一定要整片的旋，也可以一刀一片的削。萝卜皮先放在泡菜坛子里泡渍。俗话搁在泡菜坛子里洗个澡。所谓洗澡泡菜，就是泡在坛子里的时候短，隔夜就吃，脆。萝卜皮、红泡椒切丝，码好。然后用炒锅热油，投入几粒花椒，炝花椒油，趁热淋在菜上，就好了。当然也可以找个瓶子，洗干净，灌大半瓶干净水，水中放盐，浓淡随意，把萝卜皮泡进去，半天就能吃了，一样地脆格生生。

此菜，配粥最好。

炝拌豆干

豆干是豆腐干的简称。豆腐干是山西人的叫法。如果用山西太原话说“豆、腐、干”三个字，腔调起伏顿挫，非常有趣。我的祖籍虽然不是山西，但生在山西长在山西，所以常自以为就是山西人。尤其到了外地，当地人一听说你是从山西来的，自然就会“你们山西如何，你们山西人如何……”自己多是默认，并不费口舌再做解释。

山西有很好的醋，还有很好的酒。《随园食单》中的茶酒单专有“山西汾酒”一节——“既吃烧酒，以狠为佳。汾酒乃烧酒之至狠者。余谓烧酒者，人中之光棍，县中之酷吏也，打擂台非光棍不可，除盗贼非酷吏不可，驱风寒，消积滞，非烧酒不可。”称绍酒为名士、烧酒为光棍，这实在是袁枚先生的偏见，但这段文字对山西汾酒倒也并不全是贬义。

旧时在河北老家，祖上曾开过烧酒作坊，我的父亲生前平日也喜欢啜一点儿白酒。我相信酒量是天生的这种说法，我似乎也能喝一些。年轻时有应酬，我也不善拒绝，只是不曾记得有喝过量的经历。其实说酒我自己更喜欢山西汾酒厂生产的竹叶青。竹叶青酒是以汾酒为基酒，加入冰糖和竹叶、栀子、砂仁等中药材的露酒，酒的颜色金黄中泛一点绿，入口温软，味道非常香醇。因为身体的原因多年滴酒不沾，但只要旁边有人打开此君，我还是会不自觉地深深吸气。

近些年山西人去外地生活和做事的人多了，无论是汾酒还是竹叶青，作为伴手礼也还拿得出去。如果山西人出门带老陈醋，一般都是给自己准备的，因为外地的醋实在入不得山西人的口。现在虽说超市里全国各地的土特产似乎应有尽有，但是最好最地道的还是在原产地。老太原人最喜欢的是宁化府的醋，一定要那种散打的。每天一早，宁化府的铺子刚刚开门，已经有长长的队伍排在门前。店里专门备了10斤20斤的塑料桶供用。有朋友做了河南的女婿，每次从太原去郑州都带几十斤的醋，除了自己平时吃，至亲好友都可分享。

最近几次回山西，发现山西老乡又在捎带一种东西，就是豆腐干。心想这种再普通不过的豆腐干又有什么特别之处呢？随便哪个卖菜的小档口都有的卖，平时简直不把它当盘菜。加上因为大同身体的原因，我们平时含植物蛋白的豆制品吃得很谨慎。但是有人喜欢总是有些道理，于是拿山西豆干和河南的豆干做比较，果然差别还是蛮大。

太原的豆腐有很重的卤水的味道，我不喜欢。郑州的豆腐不错，尤其那种嫩豆腐。郑州有白豆干，没有在酱汤里卤过的，颜色好看，但嚼起来有点糟，没劲道。倒是太原的黑豆干，质地结结实实，有嚼头。如果觉得黑酱的味道重，买回来的豆干事先在开水里烫一下，去除过重的酱味，再用自己喜欢的方法和味道调制。

烫过的豆腐干先平着片开两片，再顺切成丝，大葱切段，顺剖展开切丝，码在豆干丝上。炒锅加植物油烧热放花椒粒，榨出香味后浇在大葱上，拌匀。调味汁的做法比较随意，我通常用1：1的糖和醋调和，再加上些柠檬蜜汁。上桌之前浇调拌匀。

这是山西人家常用来下酒的，炝油时油要烧热，可多放花椒，葱丝也可多加。

炝拌黄瓜木耳

——炝拌的菜式

常常喜欢做这种炝拌菜，做着简单，吃着爽口。尤其到了夏天。

食材能生着吃的尽量生吃，切片，切丝，切丁或者切条，先用盐腌渍一会儿，这样可以去掉生涩的味道，嚼起来也会更加爽脆。

不好生吃的蔬菜切好了先用开水焯烫一下，备用。

我喜欢用热油炝。这肯定是受了家庭的影响，自小家里就是这么弄的。家里甚至备了一只长把的铁勺专门搁火上热油，时候长了，铁勺子黑黝黝的洗都洗不出来了。

还要准备一点儿葱丝，码在菜上。

先炝：热炒锅，加油，油烧热后加几粒花椒，喜欢辣，可以加两个撕碎的干辣椒。等花椒的味道出来，油也就烧得够热，捞出花椒，把热油淋在葱丝上，因为不喜欢生葱的味道，所以用热油把葱烫熟，也炝出一点儿葱油的香气。

再拌：依自己的口味，可以是糖醋的汁，也可以是酱油、醋，再加几滴香油的三合油汁。调好，上桌以后再浇在菜上，拌匀。

黄瓜和木耳配在一起做成这种炝拌菜最合适不过，选新鲜的黄瓜洗净，去皮，切薄片，腌渍后略挤去水分。泡发好的木耳煮透过凉。葱，切丝。按照炝拌的顺序：先炝，后拌，上桌，开吃！

私家菜和宫保鸡丁

大同喜欢漫无目的地翻些杂书，他有历史学家陈垣先生的《陈垣来往书信集》，一天跟我说，陈垣与谭家菜有些交集，《书信集》里收有谭祖任书信 24 通。

搜百度谭祖任词条："谭祖任，字瑑青，是清末时期的著名学者，其独创的谭家菜享誉京师。谭家祖籍广东南海，在京城为官多年。谭祖任家学渊源，是有名的鉴赏家和词章家，其人爱好书画，擅写颜欧书法，而他的出名却不在诗词篆刻，以美食家名传于世。"谭祖任祖籍广东南海，陈垣祖籍广东新会，为岭南乡党。20 世纪二三十年代的北京，一座小城，若干杂人，大概也是老乡见老乡两眼泪汪汪吧。

时下，不少的街边小店打出私家菜的招牌作为幌子，其实大多没有什么名堂。真有名堂的私家菜自然也有，不少的传统名菜就出自私家菜。私家菜里名声最大的应该是谭家菜。谭家菜即由谭祖任先人所创，后至他这一辈已成营业性质，名为代人宴客，其实只在圈子里接待些熟人熟客。

确切年份不详，应该在 20 世纪 30 年上下的一通书信："援庵先生：久违清诲，曷胜驰仰。傅沅叔、沈羹梅诸君发起鱼翅会，每月一次，在敝寓举行，尚缺会员一人，羹梅谓我公已允入会，弟未敢深信，用特专函奉商，是否已得同意，即乞迅赐示复。会员名单及会中简章另纸抄上，请查阅。专此，敬颂著安。祖任再拜。一月二日。此函本拟邮寄，因近日邮局往往拆阅，故专人呈送。又及。会员名单：杨荫北，曹理斋，傅沅叔，沈羹梅，张庾楼，涂子厚，周养庵，张重威，袁理生，赵元方，谭瑑青。定每月中旬第一次星期三举行，会费每次四元，不到亦要交款(派代表者听便)。以齿序轮渡执会(所以通知及收款，均由执会办理)。"鱼翅会加主人谭瑑青共十二人，主人应该不用付费，其余十一人，一人四元，餐费一回四十四元。

棋圣吴清源生于 1914 年，在他的自传里记了儿时在北京的生活，"佣人中有看门的、厨子、车夫、奶妈、女仆等十多个，他们在院内都各有自己的小屋栖身。我们一家的生活状况，当时在北京属中产阶级的一般生活水平，并非特别奢侈。那时物价低廉，每月给佣人的工钱除了奶妈最高为四元外，其余的都是二元左右。总之，据说若有二百元，就足够维持我们全家一个月的生活了。"

于是，可见谭家菜的价格之高了。

1936年5月谭离京南下，自香港致陈垣一信，信中还有："星三会仍照旧举行否？闻定议在傅沅叔、鲍仰丞两处相间办理，我公是否仍为会员，便祈示及。"至迟谭离京前，每月四十四元的鱼翅会还在办着。

陈垣的《书信集》中还收有1933年2月13日致胡适信："适之先生撰席：丰盛胡同谭宅之菜，在广东人间颇负时名，久欲约先生一试。明午之局有伯希和、陈寅恪及柯凤荪、杨雪桥诸先生，务请莅临一叙为幸。主人为玉笙先生莹之孙、叔裕先生宗浚之子，亦能诗词、精鉴赏也。专此，即颂晚安。弟垣谨上。十三晚。"

手边没有更多资料，不知道胡适那一日有没有一试。据百度百科，1949年以后，谭家家厨出来自己经营，1958年迁自北京饭店，至今。

讲究的私家菜依旧，读王世襄先生、林文月先生的饮食文字，让我神往。那是真正完全的私家菜，并不经营予外人食的。

近些年来，北京有一家厉家菜让我觉得还能寻一点儿旧日谭家菜的遗韵。1984年厉家的二女厉莉在中央电视台国庆家宴比赛中拿得第一。当时，大同的几个朋友办着一本《消费者画报》，把厉莉请到太原，在太原的三桥大厦办桌。大同有机会吃了一回。其后回忆起来，留下印象的似乎只有厉莉从北京家里带来的那块清酱肉。

厉家菜的主人是退休教授厉善麟，原在首都经贸大学讲授应用数学，祖上厉子嘉做过清廷内务府总理大臣，爱吃善吃，经百年传承。1985年，厉家就在北京后海羊房胡同11号的自己家里套用谭家格式宴客，厨房依旧是自家人经营，依旧是燕翅、鲍翅几种席面，起先每周只开一桌，因为燕翅、鲍翅多是些耗时的功夫菜，只能供应套餐，不能零点，即便这样，食客也是应接不暇，后来放宽为每周两桌（周六和周日），最后又改为每天一桌。

如今厉家姐弟已经把厉家菜开到了澳大利亚和日本。手边有一册2008年版的《米其林红色指南——东京》，314、315两页是东京厉家菜，给了两颗星，介绍为三间包房组成，最多只能接待24人。"初看菜谱简洁无华，实际上却是非常讲究的宫廷菜肴……只供应套餐，上桌的菜肴搭配流畅、承前启后、一气呵成。"

有一些经典的私家菜式流散到江湖，便成为尽人皆知的名菜，其中最为大众化的大概是宫保鸡丁。传说这是清末官僚丁宝桢的家厨手艺。丁宝桢，晚清名臣，咸丰三年中进士，历任翰林院庶吉士、长沙知府、山东巡抚、四川总督。去世后赠太子太保，所以才有宫保之说。

爆炒鸡丁应该历史久远，食材也不是什么稀罕玩艺儿，绝不会仅仅是齐鲁或者川蜀独有。查袁枚先生的《随园食单》，里面就有“鸡丁”一节：“取鸡脯子，切骰子小块，入滚油炮炒之，用秋油、酒收起，加荸荠丁、笋丁、香蕈丁拌之。”虽然有荸荠丁、笋丁、香蕈丁，却少了炸熟的花生仁，这就少了宫保鸡丁中的那一点点香酥的口感。

现在炒一款宫保鸡丁很方便，市场上随时都可以买到冷冻的鸡脯肉。先将化开鸡脯肉用刀拍松，然后切成1.5厘米见方的丁，放入蛋清和淀粉调好的浆内。葱姜蒜辣椒切碎，还可加适量的香菇丁。花生米用温水浸泡片刻后去皮，用油炸熟待用，另将盐、酱油、醋、白糖、料酒、鲜汤、淀粉调成滋汁。油锅烧三成热时将鸡丁放入，至断生捞出。锅内留少量底油放入辣椒和花椒炒出香味，也有用红辣椒末，先将其炸至棕红色，再加花椒。将鸡丁、香菇丁、葱姜蒜加入翻炒，再烹入滋汁，最后放入花生米炒匀，出锅即成。用这种方法举一反三，便是各式宫保。

这个菜关键是个火候，滚油爆炒，加料起锅。

番茄酱土豆泥

小的时候想吃零嘴，家长就会在封好的炭火炉中放几个土豆，一会儿便会有烧土豆当点心，常常会吃得满手满脸的黑。现在的孩子是不屑于吃这个的，五花八门的小零食多得很，再者现在多用煤气灶做饭，烤起来总是不方便。虽说街头有卖烤红薯的，还没见过有卖烤土豆的。我曾把土豆切片放在烤箱中烘烤，虽然味道不错，也很干净，却没有了整个烧土豆那样沙糯的口感。

土豆这种食物极大众化，食品匮乏的年代，土豆也并不见少，入冬家家都要贮存一些，别的菜没有，土豆总可以维持到来年春天。弄得那些年小孩子捉迷藏抓特务，动不动就喊："土豆，土豆，我是地瓜。"朋友告诉我，他们家的人特别能吃土豆，把土豆切成薄片，再切成细丝，炒了，一人捧一碗，饭和菜都有了。这当然是没办法的事。

自然上面说的炒土豆丝是一种最通俗的吃法，人人会做，佐之肉末，也是极入味的。

曾经认识一位东北阿姨，殷实的家境，集多年主妇之经验，能烧非常好吃的菜，她可以用土豆做多种菜肴，其中一款留给我很深的印象。每年夏末，她买来刚刚上市的新鲜土豆，细细洗净，轻轻削去嫩皮，蒸熟后捣成泥，搁在盘子里。然后把油锅烧热，加葱姜蒜末和辣椒丝，再烹入酱油，加糖少许，调成酱汁，浇在土豆泥上。这道菜不光味道好，象牙色的土豆泥和深红色的酱汁加在一起，色彩也很悦目。

后来我又以此引申，用不同的调味汁做出各种不同味道的土豆泥。比如把花椒炒熟碾碎做成椒麻汁，用辣椒油做成红油汁，还有芥末汁、番茄酱汁，等等。如果加黄油，那就是一道非常好吃的西式奶油土豆泥了。

土豆泥肉饼

闲时喜欢读书，其中一类便是有关如何做菜的书。对于美食我有一种特殊的喜好，只吃过还不够，有些一定要学会做，非亲自尝试而不过瘾。

表妹的婆婆是一位曾经旅居日本的老人，风度气质和生活习惯都很有异国情调，她常常喜欢用日本菜来招待客人。最常做的菜，一道是“天妇罗”，是用一些蔬菜，例如豆角、茄子、葱头等切块或切段，裹蛋面糊在油锅中炸透，然后沾辣酱油吃。其实这种做法我们也常用，只是叫法不同而已。还有一道就是油炸土豆泥肉饼，土豆泥里加了炒过的肉碎，炸成焦黄的颜色，既好看又好吃，算是一款咸口味的点心。

这道点心很受欢迎，引起我的兴趣。第一次炮制时不大得要领，做的不成功。于是打电话向老人请教，老人家细细讲解做法：先把土豆煮熟，去皮，捣成泥状；和炒熟的猪肉馅搅拌均匀，做成鸡蛋大小的饼坯子。

做好坯子后，要先滚一层干面粉，再沾一层蛋液，然后裹上馒头渣或面包屑，入五六成热的油锅炸至金黄。她还特意叮嘱：油不要太热，火也不要太大，最后不忘用日语告诉我这道点心的名字。我自己后来从网上查，这就是土豆可乐饼。

这道点心极适合老年人食用，糯软可口。孩子们也爱吃，只是做起来费些事。但是它的口感和味道极好，无论你是否喜欢吃土豆，这款土豆泥肉饼都值得一试。

刚刚出锅的土豆饼外皮酥脆，内里软糯。但是一定不要急着吃，稍等片刻，千万别烫着。

材料：

中等大小的土豆两个，猪肉馅适量，葱头斩末，姜切末。

玉米淀粉，鸡蛋液，面包糠。

做法：

1）土豆去皮，一个土豆切 4 块，煮熟，压制成土豆泥。

2）猪肉馅加洋葱末、姜末炒熟。

3）土豆泥加入炒熟的肉馅拌匀，揉成鸡蛋大小的圆球后轻压成饼。

4）饼坯依次沾玉米淀粉、鸡蛋液、面包糠。

5）油锅五六成热，放入饼坯，中火炸成金黄色，捞出晾在厨房纸上，温热时享用。

提示：

土豆用水煮七八分钟，或用筷子能够扎透即可，不要煮得太过。

沾面包糠时，用手轻压，让面包糠粘得牢一些。

油炸时，火不要太大；也可以用平底锅，稍多加些油来煎。

刚出锅的土豆饼外皮酥脆，内里软糯，但要稍晾片刻，以免烫着舌头。

肉馅可选猪肉，也可选牛肉等，视自己喜好来定。

吃的时候也可醮番茄酱、辣酱油或自己喜欢的调味。

卤三样
——老卤汤

其实，用卤汤煮肉是最容易又省事的。这里所说的“卤味”范围很广，不只指肉类，所有可以卤煮的内容都在内，几乎是无所不包：鸡、鸭、蛋，牛、羊、猪及其内脏，还有豆制品，等等。

朋友从北京来，带给我一块卤肉，口味醇厚。她一本正经地说这是用康熙年间延传的老汤所烹制。我想汤未必会那么老，但老字号的历史却是有的。内行的人都知道，卤肉的汤时间越久味越浓香，所以才有老汤一说。早些年间，乡间殷实人家嫁女，“一锅卤煮肉汤”的特别“嫁妆”也并非故事。

最近看《三联生活周刊》的春节特辑，其中一篇《伦敦家宴：隔离八个时区的家乡厚味》，是一个在英国留学的四川女生写的，出国时除了带各种辣椒、花椒、藤椒和无数辛香料之外，竟然带了泡菜坛、泡菜水和老卤汤。学习之余专注厨艺，常常备好几样冷盘热炒，邀请同学家宴聚会。带去的陈年老卤，被同学们称为“神秘之水”，老卤汤煮出百般花样，满足中国胃，解馋解乡愁。

当初也是因为我不喜欢外卖的熟肉制品，味道差又不够卫生，还有大同挑剔的口味和脆弱的肠胃，于是配制一锅卤汤，随吃随煮。那汤已有年余的历史，虽算不得老，卤煮的口味也还算独道。

首先是卤汤的配制，先到中药铺配花椒、大料、小茴香、丁香、豆蔻、桂皮等香料，可多买些备用。香料装在纱布袋或调料盒里，放入锅中。如果懒得自己搭配，现在超市里也有现成的卤料包卖，一大包中装有数小包，一小包可卤煮500克左右的主料，也可重复使用几次，很方便。锅内放好水，加足酱油，广东产的生抽、老抽色浓味香，我也喜欢用李锦记的调味。再加一小杯黄酒，盐、糖、葱、姜，上火烧开。

要卤的材料先焯水，就是在开水里煮一下，去除血沫和异味，用清水冲洗干净后再放进烧开的卤汤中，等待卤汤再次沸腾，改用文火慢煮。除牛肉要费些火候，一般主料煮一到两个多小时即可关火。再让食材在卤汤中浸泡一宿，会更加入味。有些胶原蛋白丰富的食材，比如猪肘、猪蹄，最好再放在大小合适的容器内，上面浇些浓缩的卤汁，盖紧盖子，压紧，冰箱冷藏，这样吃的时候口感会更筋道。

我认为卤肉的过程中最繁琐、最关键也最考验耐心的是卤汤的保存。捡出卤汤内的香料包，过滤卤汤，把卤汤晾凉后放冰箱冷藏，等凉透后再把表面凝结的油脂用小勺舀出，再次把卤汤放置火上盖好煮沸，不再开盖，放在妥当的地方。若三五天内不再卤东西，可把汤重煮一次。香料包用过两三次后要再换新的，酱油、糖、盐、酒和葱、姜等每次都要重新添置。为使卤汤不变味，最好使用砂锅。即使用铝锅铁锅，卤汤煮沸之后也要倒入带盖的搪瓷罐或陶瓷罐内保存。如果长时间不卤可放入冰箱冷冻室，直到再次卤前取出化冻。

还有一点应该注意，如果要卤豆制品，必须把卤汤分出一些另行卤煮，煮剩的汤就不要了，或者最后煮到汤极少极浓。

卤三样：猪肘，鸭翅，鸡蛋。

材料：

去骨猪肘一个，鲜鸭翅几个，鸡蛋数枚，老卤汤一锅，香料包一个，葱、姜适量，酱油、料酒、糖适量。

做法：

1）猪肘、鸭翅在沸水中焯过，用温水冲洗干净；鸡蛋煮熟剥壳，用刀竖着划四道划痕。

2）卤汤加好调味料，烧开后加入所有准备卤煮的材料，大火煮开改用文火，煮两小时左右，关火，浸泡过夜。

提示：

猪肘也可带骨卤，只是我喜欢请卖肉师傅帮我去掉骨头，并保持猪肘的完整形状，装盘切片时比较漂亮。

家常醋鱼和一鱼两吃

南甜北咸东辣西酸，老西儿好醋，在山西生活了一辈子，似乎有把握说说醋的事情。

离我家不远就是太原有名的宁化府醋厂，宁化府醋厂也有大名，叫益源庆，可是太原本地没什么人叫它益源庆，都是称呼宁化府。宁化府是益源庆醋厂的所在地地名，本来是闹市一侧的一条窄巷，老醋厂挤在窄巷深处，真倒是应了醋好不怕巷子深。没风的日子，走近宁化府，浓浓的醋香凝在空气中，深吸几口，真的好闻。宁化府的醋在太原深得民心，店里供着一只明嘉靖二十二年的制醋蒸料铁甑，以自证历史悠久。太原郊区清徐县的东湖老陈醋拿过国家质量银质奖章，也要让宁化府几分，每天提着大桶小桶买散醋的人排出多远。散醋便宜，有人就喜欢散醋，并不是贪图便宜，而是散醋有种清冽的酸香是陈醋没有的，陈醋陈放以后口感显得绵了，大概酸香的力道失去了锐度。

至于醋，还有四大名醋的说法，除了山西陈醋，江苏的镇江香醋，四川阆中的保宁醋，福建泉州的永春老醋。

其实还有一些我所陌生的。

前些年在杭州的江南驿青年旅舍小住，这里能住能吃。江南驿的餐厅有一位兔子姐姐操持，生意好，名声大，食客多，我们每天晚上一定要回来吃饭，兔子会给我们留一只小小的二人桌子，常请兔子为我们安排菜单。餐厅里有一款"酸辣包心"很受欢迎，就是剁椒加醋炒包心菜，翠绿的包心菜点缀星星点点大红的剁椒，因为用了大红浙醋，一抹淡红的汤汁，好吃又漂亮。大红浙醋，鲜红透明，酸度不高，醋味不烈，并带有浓郁的清香味。有一回饭后与兔子聊天，兔子说她为了这款"酸辣包心"试过了所有能找到的醋。我问兔子为什么不用山西陈醋。兔子说山西醋太咸。这倒让我惊讶。只知道酱油是咸的，从来不知道醋会太咸。回到家里查看东湖老陈醋原料与辅料，果真有食用盐。而后，就真的吃出了山西醋的咸。偶尔会想是不是也该出一款薄盐陈醋，适应当下少盐少油的饮食风尚。

2008 年三联书店出了一本台湾人林裕森写的《欧陆传奇食材》，有专章介绍了意大利摩德纳传统巴萨米克醋。淘宝上 25 年陈酿的巴萨米克醋 100 毫升开价 1680 元。大同就有些好奇，他认识一位山西老陈醋的大佬，大佬有一处漂亮的醋园，大同打电话过去说想去看看，他说你们来吧。我们去了，大佬不在，安排了一位女生接待我们，大同说就是想尝尝 50 年的老陈醋。女生说没有。大同说意大利就有。女生说意大利是葡萄醋，可以有 50 年、80 年、上百年的，山西是粮食醋，10 年就有些微苦了，8 年口感最好。后来在北京的意大利美食广场也买过一小瓶意大利摩德纳醋，应该是工业化生产的普通货色，加橄榄油做醮料，聊胜于无。

毕竟是山西，醋不但好，而且品种多，我家常用宁化府益源庆的一款熏醋，1100 毫升装，有种特别的熏香，让人喜欢。因为有好醋，山西人又好酸，偶尔做一条家常醋鱼，也是自然。

只说家常醋鱼，不敢说西湖醋鱼，因为不知道西湖醋鱼是个什么样子。虽然真的在西湖边的楼外楼吃过一回西湖醋鱼，并没有惊艳的震撼。口袋里只有几个钢镚的小游客，想是吃不到道地大厨的杰作，所以也无缘见识到西湖醋鱼的真味道。

自己家常，当然是依了自家的口味，酸甜也是依了自家的习性，倒也自在。但要做一道好的醋鱼，先是要鱼好。

虽然现在走出家门，夸张一点儿几乎不足百步就有活鱼摊贩。但要寻到一条好鱼，还要费一点儿周章。就说草鱼，太原市场上的草鱼都是三斤往上的大鱼，一斤左右的草鱼想都别想。所以要吃鱼，挑剔一点，也只有在鳜鱼和鲈鱼中选择。

现在家里只有我们两个花甲老人，饭量小。于是，一条鱼分成头、身、尾三段，头部再一劈两半，和鱼尾加在一起可做一款“砂锅鱼头”。把洗净的头尾放入加热的油中煎至微黄，搁蒜瓣、一粒八角，烹少许酒去腥，若锅中油多可倒出一些。然后加水和一块拍松的姜，大火烧开，再倒入砂锅中用中火炖 40 分钟左右，待汤浓如乳，加盐。如果喜欢，这个时候可以根据自己的口味加入豆腐或者青菜。不过这些材料在下锅之前，最好先用开水焯过，除去异味，以保持汤味的清鲜。

鱼身两侧打斜花刀，所谓的斜花刀就是在鱼身的两侧用刀切开，只是不要切断。顺鱼脊一劈两片，带中脊鱼骨的一片俗称雄片，另一片则为雌片。花刀各夹一片生姜，放在鱼盘。蒸锅，水滚开后把鱼盘放入，蒸 10 分钟。此时火不可过大，否则鱼肉会蒸飞，影响菜形。时间也不可过长，过长肉会老硬，影响口感。鱼新鲜，想想涮羊肉也就明白了火候的把握。

切姜丝、蒜丝、红辣椒丝，这三丝多少全凭自己的口味，喜欢辛辣就不妨多切一些。我自己因不能吃辣，多半时候辣椒丝就省了。油锅烧热后，放入三丝，炒出香味，加入山西陈醋，然后搁糖，至于醋多少糖多少也凭自己的口味加减，待汤汁浓稠后起锅，淋在鱼上，即可上桌了。

自家的鱼香肉丝

我不能吃辣，酸甜苦辣咸，五味缺一，大概也缺了不少食之乐趣。

过去不大明白鱼香肉丝里面“鱼香”的意义，席面上了“鱼香肉丝”，就有人赞叹厨师的技艺，果真将肉炒出了鱼的味道。我曾尽力品尝，希望领会其中的鱼香，终是不得要领。而且十分费解厨师们的努力，一定要把肉炒出鱼香，然后把鱼炒出肉香，用豆皮做成“功德火腿”，用豆制饭粢制成“玉色嫩鸡”。

翻开川菜菜谱，常常会有许多“鱼香”类菜式，像“鱼香江团”“鱼香鸡块”“鱼香兔丝”“鱼香排骨”“鱼香茄子”……甚至还有“鱼香酥鱼片”。似乎天下什么东西都可以鱼香一下，就觉得川菜的美学趣味未免矫情。

依我的倾向，认为在烹调中保持原料的原色原味才是烹饪中的精髓，这自然是一种偏见。一人一个口味，“众口难调”，有不少人喜欢食用味道比较厚的菜肴，或许就是平常说的“口重”。

后来才渐渐明白所谓“鱼香”，并不是要将猪肉、茄子之类改造出鱼的味道，而是采用四川人做家常鱼的方法，去加工任意的原料，烹出极醇厚的菜式，形成“咸甜酸辣兼具，姜葱蒜香气浓郁”的川菜代表性风格。

我自己家里的菜都比较喜欢炒得清淡一点儿，做菜时酱油这类的调料也不多用。但是偶尔有客人在家里吃饭，也常炒一个鱼香的菜，调剂一下，破一破过于清淡的格局。

当然我的所谓鱼香，并不正宗，因为正宗鱼香一定要用四川的泡辣椒和泡姜，没有这两样绝谈不到真正的川菜鱼香。辣椒与生姜在泡菜坛里经过泡渍，由

于乳酸杆菌的作用，所含的糖类转化为脂醇类的芳香物质，才会出现其独特的气味。我做鱼香使用的就是本地的辣椒、生姜、葱、蒜，酱油、醋、白糖、黄酒。

如果自己家里吃，我干脆是连辣椒都省去了，因为自己一点辣都不能吃。我跟朋友开玩笑说，这是用我们家做鱼的方法炒的肉丝，算不算鱼香肉丝？

当然不算。只是这种做法用了酱油、陈醋、白糖、绍酒。加了葱、姜、蒜。确实用了我们家里做鱼的调味和方法，炒出的肉丝味道咸甜酸，姜葱蒜香气兼具，在我们家算是一道味浓色重的菜，非常下饭。

其实算不算鱼香肉丝并不重要，关键是给我启示，同一种材料可以用不同的方法或者不同的材料可以用相同的方式来烹调。让单调的厨房活动更增加一点乐趣和丰富性。

先把切好的肉丝用蛋清、水团粉上浆，辣椒、葱、姜、蒜切成米样的碎屑，酱油、醋、白糖、黄酒加一点鲜汤和粉芡在碗中对成鱼香滋汁。

把浆好的肉丝在五六成热的油中划开，捞出。锅中留一些底油，烧热后放入切碎的葱姜蒜辣椒，这里是关键所在，由于这几样调味的配料已经经过刀工处理，体积小，易受热，在高温的热油中爆炒，使得葱姜蒜辣椒中的芳香物质迅速逸出，然后投放肉丝，再加入兑好的滋汁，颠炒几下，出锅装盘即可。

鱼香味调制的要领是掌握好甜、咸、酸、辣、鲜、香兼备的特点，而并不过分突出原料本身的味道。这种菜味道厚，口重的人应该是喜欢的。

醋溜辣白菜

白菜，也称大白菜。

鲁迅先生在《藤野先生》一文里说到物以稀为贵时，讲到了白菜：北京的白菜运往浙江，便用红头绳系住菜根，倒挂在水果店头，尊为“胶菜”。不知道是不是先生笔误，北方写成了北京，其实所谓胶菜，应该是指山东胶州的白菜。山东胶州的白菜现在也是极其好的，就如山东章丘的大葱一样。2006 年胶州大白菜注册为原产地证明商标。

的确白菜在北方不是什么稀罕的东西，大路菜。好多年前，恍如隔世那样遥远的时候，到了深秋，北方的城里人就开始冬储大白菜，有条件的人家会在院子里挖一个半地下的菜窖，存放一些白菜、萝卜、土豆。那时，条件再好的人家，整整一个冬天，也就只有这三样菜换来换去。现在整个冬季，市场里都有白菜。人们大都住进了楼房，有了暖气，地下室似乎比屋子里还要暖和，再也没有地方也再不需要存放了。冬储大白菜已经成了遥远的记忆。

作为大路货的白菜似乎不那样精细，其实白菜也有不同的品种，最容易分辨的有包头的和不包头的两种，不包头直筒的叶子更绿一点儿，我们那儿叫天津青麻叶。赫赫有名的胶菜至今没有见过，没有吃过。

这儿，我说的主要是我个人经验的包头大白菜，专业的说法似乎应该是结球白菜。

白菜本身味道很淡，可以单独成菜，也能够和其他多种菜配合。既能与上好的清汤匹配，成为特级厨师的“开水白菜”，又能和猪肉粉条同炖，这就是人人都会做的大烩菜。真是白菜百菜，很有一些可雅可俗、能上能下的风范。正是白菜这种如水样的清淡自然之风，才使得人人喜爱，百吃不厌。出身农家的国画大师齐白石曾有一幅斗方：在一硕大的白菜旁配两枚鲜红的辣椒，题曰：“牡丹为花之王，荔枝为果之先，独不识白菜为菜之王，何也？”可见其深知“百菜不及白菜”的品格。

许多年前，读《中国烹饪》杂志读到了北京饭店的开水白菜，还有一款口袋豆腐，两道汤菜，配了照片，印象极深。听大同讲，20世纪80年代，他去北京，在东长安街边的一家饭店里吃晚饭，翻开菜单见有开水白菜，说要价九十元，九十元在当时已经有些小贵，因为太好奇，便坚持要了。端上来，汤色黄黄的，便知道没有品质。开水白菜，就是说汤色如水一般。一尝，果然是普通的鸡汤，不过是一份鸡汤白菜而已。“开水白菜”大约要算白菜菜肴中的上品。闻其名并无惊人之处。这道菜就是用大白菜的菜心和清高汤烹制而成，因汤色清如水，所以叫作“开水白菜”。戏子耍的一个腔，厨子耍的一个汤。清高汤的烹制不是一个简单的过程。

这道菜的汤固然是关键，但白菜的选择也很重要。白菜虽然是普通的大路菜，却也是个时令菜，秋天刚刚上市时的白菜味道是要逊一点的，似乎有一点苍白。窖藏至立冬以后、来年立春之前的白菜味道最好，这是因为立冬之前白菜生长期短，没有完全成熟，少一点儿风韵；立春之后，白菜水分减少，菜心又生新芽，且筋多而老。“冬日白菜美如笋”，只有这两个节令之间的白菜菜心细嫩、甜鲜，最适合入这道汤菜。

正是出于对白菜性格的敬意，在我们家的饭桌上，有一道最简单不过的菜“生拌白菜心”，把大白菜的菜心洗净切丝，拌以精盐，便可上桌。

要炒也好，选白菜嫩帮，顺切一刀，截成瓦块；预先配好调味汁。调味可依自家喜好，我多以醋为主，加适量糖和生抽。热锅，热油，炝几只干辣椒，然后投入白菜瓦块。大火翻炒，断生，浇调味汁，再翻匀，出锅。这就是著名的醋溜辣子白。

腊味荷兰豆

荷兰豆和扁豆、四季豆一样是吃豆荚的。只是荷兰豆的豆荚看上去扁扁的，豆荚里的豆粒细小，若隐若现的，好像永远长不大，看着非常娇嫩。择起来和扁豆、四季豆不同，没什么筋绊，我只是用一把常用的小剪子剪去豆荚两端，再清洗干净，就可以下锅烹煮了。

荷兰豆为什么叫作荷兰豆，并不是它最初生长在荷兰，根据网上百度提供的信息，它的原产地是在地中海沿岸和亚洲西部，只是 17 世纪当时航海和贸易的强国荷兰，凭借强大的海上舰队，统治了南洋诸岛，从世界各地带来各种舶来品，其中就包括了这种可以吃的豆子，被当地人称之为荷兰豆。后来那些下南洋的潮汕人将其带回中国，沿用了南洋当地的叫法。现在荷兰豆在世界各地均有种植，我们国内的主要产区就有河南、四川等地。所以在山西太原的时候，荷兰豆算是稀罕的细菜，在河南的郑州，也就算是普通的大路菜了。

南方人喜欢用鲜甜来形容新鲜滋味美好的菜品，我想荷兰豆是可以称之为鲜甜的吧。

有一种“蒜蓉荷兰豆”，做法简单。先将择好的荷兰豆放入加盐的沸水中焯一下，捞出直接浸入冷水中备用，据说这样一热一冷可以把豆荚中的纤维拉断。再准备蒜蓉，所谓蒜蓉就是我们常说的蒜泥，只是“蒜蓉”听起来不一般，所以我们还是称它做蒜蓉的好。过去常用捣蒜锤把蒜捣成泥，后来有了从俄罗斯进口的专用工具，一种小巧的压蒜泥的夹子，现在这种蒜泥夹子在各大超市里都有的卖。我用过几个，感觉最称手的要数在宜家买的那一个。别看一个小工具，外表看上去都差不多，但实际用起来手感的差别还是蛮大的。

在炒锅中加油烧热，先将准备好的蒜蓉投入锅内，翻炒一下，迅速放入焯过的荷兰豆，加入少许精盐、白糖、料酒，便可出锅。

我从书上看到一款“腊味荷兰豆”，也很简单，试着做了一下，也还别致。市面上卖有密封包装的香肠，这香肠有两种，一种是川味的，麻辣，一种是广式的，咸甜。这里用的是广式香肠。先取一只香肠蒸熟，待冷却后切片。其他与蒜蓉荷兰豆的做法完全一样，只是炒好荷兰豆之后，出锅装盘，再上锅将香肠片煸炒一下，加在荷兰豆之上。这菜的味道，用书上的话说：鲜绿脆嫩，腊味香浓。我想既然是腊味荷兰豆，那用腊肉来炒也是可以的吧，试过，果然又有细微差别，是另种风味。

要留意的是买荷兰豆选嫩一些的，大小整齐的为好，再一个就是荷兰豆一定要急火快炒，千万别炒得蔫软了，失去了荷兰豆的脆嫩，还要注意两款菜式中都不用酱油之类重色的调料，千万别丢了荷兰豆好看的颜色。

香菇

市场上一年四季几乎没断过新鲜的蘑菇，多是平菇，偶尔也买一些回去，与猪肉在一起炒，口感滑爽。如果有新鲜的香菇，我多半会首选香菇，再买些油菜，可以炒个香菇油菜。

小的时候没见过新鲜的香菇，那时见的吃的多是干货，被人称为“山珍”之一，似乎很珍贵。也有人叫它“香蕈”。

与常见的草菇不同，香菇在植物的分类中属于伞菌目伞菌科香菇属，最显著的是它的伞盖表面为深褐色。有一种特别的“花菇”，伞盖有菊花般美丽的花纹。香菇以冬季气候寒冷时培植的为最佳，此时的香菇由于气温低，菌伞张开缓慢，肉质厚而结实，人称冬菇。新鲜的香菇经过烘制，制成干货，行销全国。现在随着人工栽培技术的普及，无论是干香菇还是新鲜的香菇，都已经成了做家常菜的普通食材。

菜谱中看到一款以香菇为主料卤制的凉菜，按照菜谱，这款菜式应该是“松仁香菇”，然而在我们的厨房里找几粒松仁实在不怎么方便，于是我自己试着将松仁换成了花生仁，花生的味道虽然不同于松仁，但在我们河北老家将花生称做“长生果”，相信它也有很高的营养价值。我把这道用长生果配香菇做成的菜式称为“果仁香菇”，无论是用干香菇还是鲜香菇，做这道菜都是一样好吃。

如果用干的香菇来做，先把干香菇在冷水里充分泡软，用剪刀剪去根蒂，然后放在清水中反复洗净，尤其留意菌褶中的污物，最后挤干水分备用。用鲜香菇就省去了泡发的过程，会更省时省力。花生仁取颗粒匀称整齐的，用温水浸泡片刻剥去红衣。炒锅加生油烧至五六成热，香菇过油，使其一部分水分受热蒸发后捞出沥油，不断挤压香菇，将其中的油汁尽量排出，以利于入味。花生仁入温油炸熟捞出。锅内留少量底油，下甜面酱煸炒，放白糖、酱油、盐少许，加入香菇翻炒，再加一点儿清水，用大火烧开，改用中火，烧透后收干卤汁，接着放入花生仁翻炒，淋一点儿香油，起锅入盘。

这是一道适合冷餐的凉菜，晾凉之后会更加入味。

自家的回锅肉

回锅肉是一品大众的家常菜式。说起来不过是把猪肉煮熟，切片，然后回锅再炒，加一点儿辣椒，倒是很爽口的。记得我二十来岁的时候，偶尔在饭店里吃饭，常叫一款回锅肉，价钱大概只有三毛多钱的样子，那时候正值经济不振时期，肚子里没有什么油水，倒真想吃这肥肥的一口儿。后来，经济振兴市场繁荣，人也到了中年，饮食也讲究结构，就不怎么吃它了，倒添了几分的生疏。

我有一位学法律的女朋友，四川重庆人，刚刚大学毕业，身体柔弱，不大像会做家务的样子，家里请客，常求一个真正做过厨师的朋友去帮忙。可是她会炒回锅肉，很好吃，她还会把煮过肉的水撇去浮沫，再加些新鲜的青菜，勾一道挺不错的汤。吃了两次，竟也吃出了一些趣味。

我照她的方法买一些肥瘦相间的五花肉，洗净，在开水中烫过，再换清水加葱姜大料煮十多分钟捞出，晾凉切片，然后再加葱姜蒜末，豆瓣甜酱，料酒白糖烹炒，果然方便快捷，味道也很不错。一道菜做下来，菜也有了，汤也有了。

后来读了一本有关川菜的书，才明白正宗川菜中的回锅肉做起来是很有一些讲究的。它对成菜的质量要求是：厚薄均匀，软硬适度，味浓鲜香，最主要的是要现“灯盏窝”，就是说炒熟后的肉片收缩卷曲，恰如灯盏的形状。能够达到这一要求，是一个厨师对原料选择、刀功、火候等多种因素综合运用的结果。

要达到这一要求首先选料要精，选用皮薄膘厚、肥瘦相间、肉质细嫩的猪后腿肉。其次在煮肉时，切忌煮过头、久煮过火，瘦肉中的水分流失过多会变得紧缩老硬，失去鲜嫩的口感，而肉皮和肉膘也会过烂粘糯，影响刀功难以成形。恰当的方法是，煮一刻钟左右，至肉色转白，皮掐得动，瘦肉断红至熟时，捞出用凉水冲漂晾凉。第三，肉片厚薄要均匀。肉片太厚，在烹炒过程中不宜卷曲，太薄在爆炒中又会变成油滓。最主要的第四点便是火候的掌握，油温不要过高，肉片在均匀的油温中，肉皮卷缩，脂肪溢油，瘦肉也因水分流失，肌纤维收缩，于是肉片卷曲形成状似灯盏的半圆形。这时烹入料酒去腥，再加入豆瓣、甜酱，待酱炒散出香味，加少许白糖，酱油炒匀，最后放入一些绿叶蔬菜，急火炒至断生起锅即成。

那年小住在四川成都附近的街子古镇，看足了四川人炒回锅肉。说川人都会做菜似乎一点都不夸张，常常是你在做菜的时候，旁边只要有人，一定会指导你如何做菜。说起来每人都有秘籍在手。不过像回锅肉这样的家常菜式，一定

是各家各味。我还是记住了一些要点，其中之一比如用到郫县豆瓣，四川朋友说如果要买一定要选鹃城牌的。

不过再好的郫县豆瓣不如自家手工做的豆瓣酱。所以最热的七八月份，镇子上几乎家家都在做酱。那些辣椒们被洗干净了，去把儿晾干，用刀剁碎，再加川盐、酒、红糖、香料和发酵好的蚕豆瓣，在烈日下曝晒。

于是毒日头下，整个镇子的空气中都充满着发酵的味道。

虎皮尖椒和尖椒肉丝

现在菜市场上的尖椒真是满足供应，从寒冬腊月到盛夏酷暑，一年之中，天天都有的卖，只是四季的价钱不同就是了。

我喜欢把切碎的尖椒与切碎的香菜加精盐、香油拌在一起，每餐准备一小碗。喜欢吃这一口的人不少，只是有人除了盐、香油之外，还加了酱油和醋，虽说“食无定法，适口者珍”，但我总觉那样会败坏了菜式的颜色和味道。这款菜无论如何调味，都只适合随吃随拌，不能剩，剩了下一餐再吃，已毫无趣味可言。

另一款尖椒的菜式也很简单，名字好听——“虎皮尖椒”。这是将尖椒去蒂剖开去籽洗净后，入锅干煸。干煸是将经加工的原料放在锅里加热，翻拨，让它渐渐脱水、成熟、干香的一种特殊的烹饪方法。净锅置于中火之上，将锅烧热，放入整片的尖椒，小心翻拨，使之脱水变软皱皮，表面出现斑纹，再加入少许油、酱油、精盐入味，烹入料酒、香油翻匀出锅。若勾一点儿薄芡，更是理想。

到馆子里吃饭，许多人喜欢点一个尖椒肉丝，有一回朋友们聚餐，炒菜的大师傅肉丝放得多，尖椒放得少，还让大家觉得短了味道。

“尖椒肉丝”家常做最好，尖椒去蒂，剖开去籽，洗净，斜切成丝，粗细自便。另备肉丝若干。旺火，锅中放油，爆炒肉丝，加入精盐少许，再放尖椒丝入锅翻炒至熟后，少加一些酱油，再加白糖、料酒，入味起锅装盘即可。举一反三，由此可推出“尖椒香干”“尖椒素鸡”“尖椒……”，等等。甚至素炒包心菜丝时，加一些绿绿的尖椒丝也会增色增味不少。

荤油

大同是江苏人，生在江苏镇江，在苏南小城句容长到 6 岁，其后就一直混迹于北地，却留下了许多南人的习俗，爱吃荤油大概算是其一。

20 世纪 70 年代，那时大同二十几岁，时运不济，经济困顿，物资匮乏，粮食凭票限量供应，食用油按人头一月一人三两。有一段时间，他们建筑公司在太原阎家沟的红旗汽车大修厂施工。一日，他有事要早走，想在食堂开饭前，试着把晚饭解决了，从后门进了厨房，蒸笼冒着大汽，玉米面窝头已经熟了，菜还没有炒，只有现成腌好的咸菜。大同看见厨房里有大缸的卤油。卤油就是煮肉的时候撇出来的浮油。问能不能买点抹在窝头上。厨房大师傅很惊讶，问怎么吃？于是大同像表演一样，把刚出笼的热窝头切片，两面均匀抹上卤油，撒一点儿精盐，香得差一点儿连舌头一块儿咽下去。看得几位大师傅目瞪口呆，应允大同可以随意对付那缸卤油，每次菜金人民币5分。

如今，偶尔他还这样忆忆旧时的光阴。用荤油煎几片馒头，撒一点儿精盐，吃得陶醉。

看日本电视连续剧《深夜食堂》，有一集以黄油拌饭为题。在热米饭里埋入一小块黄油，等黄油融化，点几滴酱油，开吃，小店里人人露出赞许的神情。大同儿时，也有类似的吃法，用的是一坨猪油，也不用酱油，而是放糖，又甜又油又香的米饭是他儿时的最爱。

如今科学知识普及，生活水平提高，市场繁荣。高血压、高血脂、高血糖的三高症已成人们的梦魇。人们对重油高糖谈之色变，周围荤油似乎已经绝迹。但是荤油的美味，大同似乎是不能割舍。我婆婆提起荤油，最爱说："素油放一锅，不如荤油拖一拖。"前几年有机会到云南去，看到大小超市里大桶小桶雪白的猪油，真有些欣喜，知道荤油还真有些人不能割舍。

其实，有些经典的吃食废了荤油，一定索然无味。比如猪油芝麻汤圆，用猪板油小丁和炒香的芝麻做芯子，香糯到底。还有猪油年糕，如果不用猪油，改用素油，哎，想想都让人绝望。

连战的表姐林文月的《饮膳札记——女教授的19道私房佳肴》，记有《芋泥》一章，那真是大油大糖，而且还是荤油。她说若飨十人，芋头去皮约一斤半左右，猪油量约八九两，砂糖半斤。"取一洗净之炒菜锅，将炼好的猪油倒入三分之二，于文火中放入碾碎成泥状的芋头，用锅铲翻炒，使芋头与猪油全面融合，一方面又撒入砂糖，使三者互相融汇在一起。原先稍嫌干硬的芋泥，遇油和糖即逐渐变得柔软润滑起来，于是，可以再加入碗内剩余的油。至于另外有些人以植物油入猪油中，或减少用油量，以达到卫生之目的，亦为我所不取。"林文月最后放了狠话："上好的芋泥必须极油极甜极浓腻。我宁可尝一小口这样的芋泥，也不轻易吃一碗因讲究卫生而减料的'芋泥'。"

我们家每年都会在冬天的时候炼好一罐荤油，炖鸡汤时也会把汤面上的浮油撇出，另外存放。我企图把荤油的味道搞得不普通，在炼好荤油后，捞出油渣，放入一把花椒，几粒大料，盖好锅盖，熄火，待油自然降到合适的温度，倒入器皿中晾凉，放入冰箱保存，有一点儿花椒油的意思。那天偶尔在淘宝看到有蔡澜的花花世界小店，有打着蔡澜监制的猪油，说猪油，成分却多了干葱，其实是葱油，150 克，3 两，标价人民币 98 元，尝鲜特惠价 88 元，小贵。

平常时候做汤，白水煮几片白萝卜，起锅前放盐、胡椒粉，再放一点点荤油，一个简单的汤，便会增色不少。炖砂锅鱼头，要先用荤油把鱼头煎黄，再加入开水，用中火炖煮，做好的汤鲜浓纯白如乳汁。

在淮扬菜系中，有几样需用荤油的家常点心，我都做过的，味道不错，推荐给您，如有兴趣，可以试试。

一款是千层油糕：用面粉 500 克，白糖 300 克，猪板油 100 克，板油要撕去膜，切成小丁。将发酵好的面团擀成两分厚的长方形，上面先涂一层荤油，铺上白糖，撒板油丁，把面皮卷拢，用手摁平，两头折在中间，擀平，再折一次后擀成四寸见方的生坯，上笼用旺火蒸 40 分钟即成。晾凉后切条或块，吃的时候再上笼蒸透。这是一款扬州风味的点心。

我也做过宁波的猪油汤团，黑芝麻洗净，沥干水分，用小火炒熟，擀碎。超市也有卖炒好的黑芝麻，直接买来擀碎也行。板油剥去衣膜，斩碎。芝麻、白糖、板油拌匀揉透，粘在一起，搓成一只只小圆子，用和好的水磨粉团包好，就成宁波猪油汤团。黑芝麻、板油、白砂糖的比例为 1：1：2。

烙家常饼时，用没有炼透的猪板油渣加葱花，烙出的葱油饼会更香更酥松。猪油炼好之后剩下的渣子，我们老家叫“油吱喇儿”，在北方好多地方都有这种叫法。至于为什么，我也曾经想，这“吱喇儿”也许应该是个拟声词。因为在炼猪油的过程中锅里会发出“吱喇吱喇”的响声，直到最后捞净油渣，油锅才会安静下来。当然，这只是我自己的体会，如果错了也就博看官一笑。

这油吱喇儿烙葱油饼最好，两张饼需要备好面粉 200 克，室温水 130 克左右，揉成面团饧透，饧透的面团应该是像拉面的面团那样光滑湿润。另备小香葱或大葱适量切成葱花，油吱喇儿适量。用大葱或小香葱的味道会稍有不同，要看各人喜好。油吱喇儿或多或少也要看个人喜好。

饧好的面团擀开成薄片，撒一些素油和细盐，然后撒匀葱花和油吱喇儿，卷成卷儿，分切成两份，盘成饼状即成饼坯。上锅烙时擀开。

小的时候常常站在灶台旁看家里的保姆烙饼，胖大娘左手把饼在铛里转来转去，右手拿把铲子，不断地拍拍打打，把那张饼翻过来掉过去，嘴里还说着“三翻，六转，十二拍”。我企图在心里默记她拍打的次数是否跟她的理论相符，却总是数不清爽，不过那饼的味道记忆很深。

红薯泥

红薯在我国南北各地都有栽培，只是名称不同，有一位女友是四川人，在大学里教书，很会烧菜。她的烹饪技艺不是照着菜谱学来的，也不是出于对此道的喜好，用她先生的话说是“天生的会做饭”。其实不过是出自殷实家庭的耳濡目染罢了。她有几款拿手菜我总是吃不厌的，其中一道就是红薯泥，糯软甜香，非常可口。

在四川家常菜中有一款八宝红苕泥，只是除了红薯之外，还要添加切碎的冬瓜条、蜜枣、蜜青梅等各种蜜饯和花生米、核桃仁这些琐屑的配料，用猪油炒成。不但操作起来麻烦，成菜后也会失去糯软的口感。倒是女友做的这款红薯泥既简单又好吃。

红薯蒸熟后去皮，捣成泥；锅置火上，比平时炒菜用油稍多些，可用猪油也可用色拉油，或二者对半；油烧热后放入红薯泥用文火不断翻炒，炒至油与红薯泥完全融合不粘锅时加白糖，继续翻炒均匀后起锅盛入盘中。

还可以用另一种方法：锅烧热后放入香油，红薯泥在炒的过程中不加糖，炒如泥状入盘，另勾糖芡，浇在红薯泥上。如果有条件还可以在糖芡中加入桂花或桂花酱。

不同的方法炒出的红薯泥味道也不相同，至于哪种更好吃要看自己的口味了。但无论用哪种方法，都要掌握几个要点：红薯用蒸笼蒸不要煮，以免含水分过多。不要炒得过久。要做到炒出的红薯泥三不粘，不粘锅、不粘盘、不粘筷，口感香、软、糯、细。吃的时候一定要小心，要趁热，但也别烫了舌头。

熏鱼

如今吃条鲜鱼已经不是什么稀罕的事情，只是家常的做法不外红烧、糖醋、清蒸，再不然就是家常醋鱼，时候久了不免觉得单调。我自己试着做了几回熏鱼，味道口感还交待得过去，推荐给大家。

真正的熏制是用木材、木屑或者果壳在不完全燃烧时产生的烟雾来烘炙食品，是保存食品的一种传统方法。经过熏制的肉胚肉色明亮，有一种非常特别的熏香。但熏制的食品含有苯并芘，这是一种强烈的致癌物，所以那些谨慎人面对熏制的食品都非常小心。

您尽可放心，我做的这个熏鱼绝不用烟熏炙，依旧在锅里烹炸，最后放到嘴里似乎可以体会到一点若有若无的熏香。

取一斤半到两斤大小草鱼或鲤鱼一条。最好用公鱼，公鱼的腹壁厚，比母鱼的口感好。只选用中段，头尾可另做它用，比如煮汤。鱼身剖成两片，再切成瓦块片。整个鱼身剖成两片难度较大，可把鱼身先切成段，再从脊背处剖开成瓦块片。切好的鱼块晾干水分，起油锅将鱼块逐片油炸，炸成金黄色捞出待用。炸时要先炸好一面再翻过来炸另一面，不宜经常翻动，以免弄碎鱼块。

酱油、料酒、盐、糖、姜片、葱段、蒜粒加水调匀，再滴入几滴醋，放入锅中，加一大块熟猪油，熬煮，至略起稠时，将炸好的鱼块放入，炒匀，使每一块鱼都均匀地裹上酱汁。然后旺火收汁，当汤快收干时，洒入五香粉，再炒匀后出锅。这时要装入一只带盖的容器里，放置三到四小时，使鱼入味即可。

调味可按自己的喜好下料，加水后兑成一中碗。因为真正熏制的食品熏制前要用大小茴香、桂皮、花椒等香料腌制，所以出锅前一定要加放五香粉，但五香粉要选择好一点儿的牌子。这样做出的鱼，借一点熏鱼的味道和口感，可酒可饭，既能热食，也可冷餐。放入冰箱，还可以较长时间保质不坏。每餐加几块熏鱼当个配菜，也可以调剂家人的口味。

清炖狮子头

所谓狮子头其实就是大的肉圆，因“形同狮首”，即称狮子头。在江南狮子头林林总总：有清炖蟹粉狮子头、糯米狮子头、豆腐狮子头、马蹄狮子头、荷藕狮子头、蛋黄狮子头、春笋狮子头等等，其实基本的形式都是相同的，只是配料不同而已。此菜是淮扬菜中的传统名菜，一次在我们这里一家著名的淮扬菜馆点了清炖蟹粉狮子头，但色香味俱差，不敢恭维。我想并不是厨师的手艺差，现在的饭店多注重了所谓的高档菜、工艺菜和利润高的生猛海鲜，相对便宜的传统特色菜反而忽略荒疏了。

梁实秋先生在他的《雅舍谈吃》中，专有一篇写狮子头的，说："狮子头人人会做，巧妙各有不同。"

清炖狮子头我自己在家里也做过多次。糯软酥烂、入口即化、需用汤匙舀食，是狮子头最显著的口感特征。要想达到如此效果，要把握的关键有四点：其一，选料得当，取猪肋部肉，按照传统的要求为肥七瘦三，夏季可调整为肥六瘦四，其实只要肥瘦肉对半就可以，肥肉稍多可保证成品软糯肥嫩。其二，细切粗斩。一般肥瘦肉需分别切成丁，俗称石榴米，瘦肉再粗略地斩一遍即可，忌用绞肉机绞制。其三，肉馅在和制时需加适量鲜汤或水。因肉在受热分解时需要吸水，如水分过少则影响成品嫩度。或直接加入葱汁、姜汁。加盐、料酒和少量的芡粉拌和，朝一个方向搅打上劲。其四，小火久炖。拌好的肉馅做成肉圆，取砂锅一只，锅底垫少许青菜，放肉圆入锅，加适量汤水，大火烧沸即要转用微火，保持锅中三五秒钟泛一次气泡，俗称鱼泛泡，加热两小时左右。这四大要点并非我的心得，只是严格照搬了著名厨师的经验。

上海的扬州饭店善做此菜，只是在煮之前多了一道蒸的工序。要点也是：肉要肥瘦搭配，不要斩得过细。做好肉圆之后，先放入汤碗里上笼蒸 50 分钟，再用砂锅上小火炖 20 分钟即可。蒸或者炖必须吃足火候，让肉质中油脂自然溢出，溶化在汤汁中。

清炖蟹粉狮子头是要加蟹粉的。我认为自己家里做狮子头，只要掌握了要点，做到糯软酥烂、入口即化、需用汤匙舀食、口感嫩如豆腐，汤中再搭配一些绿色的时菜，狮子头里有没有蟹粉，倒不大要紧了。

拔丝

拔丝是鲁菜之一种，鲁菜菜谱中有拔丝长山药、拔丝樱桃、拔丝珍珠苹果、拔丝蛋泊肉。蛋泊肉就是用肥猪肉剁成泥，做成小丸子，裹蛋清糊用慢火油炸后，再拔丝的一种菜肴。我在电视中见过的最精彩的拔丝表演，是一位烹饪大师用一把我们家乡称之为桯笤的刷子，蘸炒好的糖浆，甩出极细的丝，罩在做好的成品菜上，犹如薄纱笼罩，美妙之至。

我吃过的拔丝菜有拔丝香蕉、拔丝苹果、拔丝土豆、拔丝红薯和拔丝山药。其中以拔丝山药为最佳。香蕉和苹果的口感味道都不好，土豆不够甜，红薯还勉强，只有长山药色泽好、口感好，甜度适中，营养价值高。

拔丝的关键在于炒糖，火大了糖会炒糊，火小了又拔不出丝。炒糖又分水炒和油炒，用专业术语讲，拔丝分为水拔、油拔两种方法，油拔快但爱断丝，水拔慢出丝细而长，还有一种干拔的方法，结合了油拔快和水拔出丝长的优点，不用油和水，干拔出丝亮而干净。我做拔丝用油拔的方法，因为油拔比较好把握。

首先，长山药切滚刀块。滚刀块是刀功的一种，一般是右手执刀，左手抚菜，右手切一刀，左手中的菜旋转约四十度，切一刀转一下，如此反复。切出不规则的尖状块，叫作滚刀块。切成滚刀块的材料易熟，易入味。锅中多搁一些油，用中火把长山药炸成金黄色，盛出待用。紧接着就要炒糖，如果炸好的山药晾凉了，也不容易拔丝成功。

炒糖时一定要有耐心，千万不能急。炒锅里留少许油，糖要多搁一些。小火，用炒勺把糖朝一个方向不停地搅动，锅中的糖先呈沙粒状，慢慢溶化成汁，颜色也随之加深，待糖汁表面起泡时，投入炸好的山药块翻炒，用糖汁将山药块包匀，就可出锅了。

出锅后的拔丝山药要迅速上桌，趁热食用。预先准备好一碗凉开水，吃时蘸一下，表面糖浆冷却凝固，糖皮变脆，不粘牙，也不会烫了您的嘴。

香葱煒鱼

林文月是中国国民党荣誉主席连战的表姐，她的随笔集《饮膳札记》，副题用了“女教授的19道私房佳肴”，想是出版社要找个卖点。正文前附有10帧照片，有孔德成、台静农、林海音、董桥、杨牧、胡耀恒等名流影像，都是林文月家宴的常客。虽然只是记述了19道私房佳肴，却露出了举重若轻文学笔记的味道。读过这19道私房佳肴以后，感慨林文月这等上得厅堂下得厨房优雅贤淑的女性，除了其家世的悠远，自身的天赋和学养，还得赶上多少年平和温润的岁月蕴养得成。

不过，我看此书也有一点点瑕疵。

《葱烤鲫鱼》一篇开头写了："上海人在饮食方面的用词用字，有时候与其他地方有别。……而'烤'字用于菜肴之形容时，往往非指'以火炙物'之烤，乃是用慢火烧之之谓。故所谓'烤菜心'、'咸烤笋'、'熏烤肉'以及'葱烤鲫鱼'等，都是将蔬菜或鱼肉以某种方法慢烧而成，却不是以火炙烤的烹调方式。"下面她又写："'葱烤鲫鱼'，为上海人式的称呼，其实依其烹调方法，称作'葱烧鲫鱼'，也许更通行易晓；你若听见有人称'葱烤鲫鱼'，那人必然是上海人，或是在上海住过的人了。我在上海住过的童年，虽然尚未及分辨'烧'、'烤'之别，而懂得制作这一道菜肴时，已是到台湾很久以后的事情了。不过，基于一种怀念的情愫，我喜欢保留这种比较特殊的称法。"

其实，林文月错了。我不知道上海人怎样发音，但是这里的'烤'，应该是一个火字旁加一个靠，可惜电脑打不出来。烤上声，㸆去声。商务的《现代汉语词典》2006 年版 768 页上有，"㸆"，"㸆"："用微火使鱼、肉等菜肴的汤汁变浓或耗干。"而林文中的烹饪过程中，先行焖烧开，再改为小火慢慢烧，须在文火的炉上加紧锅盖焖烧约一小时，"慢慢烧，调味渐渐浸入鱼与葱内……"慢火烧之即为"㸆"。

我冒昧地揣测上海方言里上声与去声是不是分得不大清晰，让林文月混沌了这许多年。另外，我家里商务版的《辞源》和上海辞书版的《辞海》都没有"㸆"，自然可以原谅这位会烹饪私房佳肴的书斋学者。可是，在我生活的北方，这个"㸆"的的确确存在于日常语言之中，百姓并不在意《辞源》或者《辞海》收不收录，就是焖个米饭，饭软了，欠点儿火候，也会说一句："不急，再'㸆㸆'。"

林文月做了葱㸆鲫鱼，我想这葱也不一定会是北地的大葱，多半是江南多用的小香葱。我家里很少吃鲫鱼，一是市场上的鲫鱼都小，多是四两半斤的角色；二是鲫鱼小刺多，不是食鱼的老饕吃鲫鱼真的有点麻烦。

我自己也有一款香葱㸆鱼，用的不是南方的香葱，而是芫荽和洋葱头，芫荽又叫香菜，我从两样配菜里各取一个字，就是香葱两个字的由来。说是㸆鱼，也并不真的在火上烤，而是煎，因为最后也要收干汤汁，小火细心地㸆一㸆，所以叫㸆鱼也还贴切。

首先这款鱼的个儿不能太大，你家的那只平底锅里能够从容地放得下为好。其次最好选体形扁平的那类。比如鲳鱼，鱼身扁宽，肉质细嫩。只是鲳鱼的刺比较细碎，大人还好说，小孩子吃起来一定要小心。当然，鲫鱼也行。

将鱼宰好洗净，晾干水分，在鱼身两侧剞花刀，先用盐、生抽和黄酒调和的味汁涂抹鱼身鱼腹，腌制 20 分钟。洗净的葱头切丝，香菜切段，在调味汁内拌

过塞满鱼腹。平底锅上火，不粘锅最好，若是普通的平底锅就像通常煎鱼时一样，要先烧热后放少许油涮锅，再放多一些油，油热后转用小火，把鱼放入锅中继续用小火煎㸆；煎㸆的过程中，要不断把锅内的热油和特制的调味汁往鱼身上浇，尽量多浇几次。锅内的鱼煎好一面再煎另一面，一定注意不要煎糊，还要保持鱼形的完整。出锅之前如果还有剩余的调味汁，都倒入锅中，收干即成。

所谓特制的调味汁就是照自己的口味来调和的酱汁。我一般用葱姜蒜加生

抽、老抽、黄酒、糖和醋来调配。我的意见是这些调味品尽量用最好的，其实价钱并不差得很多，可是质量却差得不少。调味汁的味道可以随意，偏咸，偏甜，还可以偏酸，有条件还可加入蚝油等特别的调料，做出的鱼会产生特别的味道。但是蚝油最好用李锦记，这些细节还是讲究一点好。

这款香葱㸆鱼做得成功，应该颜色呈焦黄或者酱红，口感外表酥脆，而鱼肉仍旧保持滑嫩。做这道菜带给我的愉快除了能够吃到美味，还在于煎鱼炝汁的时候香气扑鼻而来。

大同虽然是道地的南方人，却不大馋鱼，大概因为多年的北方生活，或者儿时鱼儿吃得太多。可是那天吃了我的香葱㸆鱼居然也赞不绝口。

剁椒鳕鱼

剁辣椒一般腌制七八天就能吃了，可以佐餐，也可以做烧菜的配料，你只要能够吃辣，它几乎可以和任意的菜品搭配，烧制出剁椒系列的菜式。比如剁椒蒸鱼头、剁椒炒鸡蛋、剁椒炒大白菜等等，烧鱼香肉丝、回锅肉、泡豇豆炒肉末时改用剁椒，也会使这几种菜的味道发生微妙的变化。

原本是要用剁椒蒸鲫鱼的，可鲫鱼虽然肉质鲜美，却细刺太多，吃起来麻烦。如果有小孩子就更不方便，这边是急着下口，那边是择不完的杂刺，稍不小心被鱼刺挂住了喉咙，便是不大不小的事故。

其实用鲤鱼、草鱼或其他什么鱼都行，办法是一样的。如果买到大小合适的鲢鱼头，你也能做剁椒蒸鱼头了。因为剁椒的菜式口味比较重，那些特别鲜嫩味美的鱼，比如鳜鱼、鲈鱼就不必用剁椒来配了。

无论什么鱼，先治净晾干，用盐、胡椒粉、葱、姜调和的味料腌制入味。如果是鱼头，要从中间劈开，如果是草鱼或较大个儿的鲤鱼，就要先切成段，再沿脊骨切开，之后腌制入味。另取葱、姜切细丝，加剁椒拌匀，如果你喜欢口味更肥厚一些，可以加一点儿切成细丝的肥膘肉。加入多少剁椒，主要看自己喜欢吃辣椒的程度来决定。

腌制入味的鱼码入盘中，拌好的剁椒撒在鱼身上面；蒸锅上火，加水烧开后把鱼放入笼屉，用大火蒸制，时间不要超过 10 分钟。蒸好的鱼点上香油即可上桌。

还有另外一种方法，腌制入味的鱼码入盘中，另起油锅，油烧热后，倒入蒜末、姜末、剁椒，再加一些豆豉和甜面酱煸炒，待炒出香味后淋入香油，起锅浇在鱼身上，然后再放入烧开的蒸锅中，用大火蒸 10 分钟即可起锅。这种方法烧出的剁椒蒸鱼，含有酱香的味道，会吃出另一种风味特色。

那天在超市看到有切块的鳕鱼，质地细嫩，肉厚刺少。想想这种冰冻的鱼刚好搭配剁辣椒。于是就做剁椒鳕鱼。

绿芦笋，白芦笋

正经吃芦笋还是在郑州。先前在太原的一家超市看到有卖芦笋，标价惊人，1 斤 65 块钱。郑州卖的芦笋最贵也没超过 10 块。

绿芦笋和白芦笋就像韭菜和黄芽韭。小学时自然课老师就告诉我们，植物的绿色是光合作用的结果。绿芦笋是在正常的自然环境中生长，白芦笋是在人为的无光环境下生长。纪录片《我们每日的面包》里有采摘白芦笋的片段，用培土和覆盖地膜的方法造成无光的环境，长在田垄上的白芦笋在采收时也不能见阳光，要在清晨和傍晚太阳未升起或者已经落山的时候收获。

白芦笋的种植成本高，价钱也会比绿芦笋贵一点儿。我从网上买的白芦笋个头儿粗壮，白白胖胖很是让人喜欢。卖家知道他卖的东西好也很自信。他说白芦笋是可以生吃的，洗净削去外皮，像吃水果一样。炒的时候也要先去皮，切片或段，在开水里焯过，配别的材料一起炒。

百度百科说芦笋“味道鲜美，吃起来清爽可口，能增进食欲，帮助消化，是一种高档而名贵的绿色食品。”多食芦笋的功效：“1. 抗癌之王……2. 清热利尿……3. 促进胎儿大脑发育……4. 食材良药：经常食用可消除疲劳，降低血压，改善心血管功能，增进食欲，提高机体代谢能力，提高免疫力，是一种高营养保健蔬菜……”

简直就是灵丹妙药，看看而已，倒也不必太当真。

其实无论白芦笋还是绿芦笋，最让人喜欢是它的清爽脆嫩。

绿芦笋不用去皮，只要去掉根部比较老的部分，切段，荤素皆宜。我自己更喜欢吃绿芦笋本真的味道，用白灼的方法，然后加一点生抽点些香油或橄榄油，就觉得很好。大同无肉不欢，所以多数时候还是用它来炒软荤。白芦笋也是一样的做法。

“灼”是粤菜的一种烹饪技法，简而言之就是用清汤或清水把生的食材烫熟。跟北方人说的“焯水”的方法比较接近，但又不完全相同。我们家常做法不必太难为自己，煮一锅开水，加点盐和生油进去，把要用的食材投入，大火烧开，根据材料的需要，把握时间。一般煮绿色蔬菜时要在菜的颜色最鲜亮的时候出锅，然后过凉，沥干。千万不可煮得太过。

焯芦笋的时间更不宜过长，大火1分钟即可。

白灼绿芦笋

1）芦笋洗净切段，开水中焯煮不超过1分钟，捞出，过凉沥干。

2）码入盘中，淋生抽和香油。

芦笋肉丝

1）芦笋洗净切段，开水焯煮不超过1分钟，捞出，过凉沥干。

2）肉丝加生抽、蛋清、淀粉拌匀腌渍片刻，热油锅滑炒至熟。

3）加入焯过的芦笋，炒匀，出锅。

蒜茸茄子

白菜萝卜，黄瓜茄子，最普通不过，在我们北方是家家都做，人人都吃的大路菜。

当年在学校读书时，认识一个女孩儿，人长得很漂亮，只是肤色略暗，但她的妹妹却皮肤洁白如细瓷。一些未免刻薄的学友拿“为什么你黑她白”的问题暗示她不如自己的妹妹漂亮，这个女孩子倒很坦然，说：“妈妈生妹妹的时候多吃鸡蛋，生我的时候在大食堂里吃多了茄子。”这当然是玩笑。

夏天茄子很便宜，清洗起来方便快捷，做法简单易行，所以到夏天集体食堂多吃各样的茄子菜也很自然。茄子好对付，就是说要做得可口比较容易，只要有足够的油就行，茄子虽然吃油，可只要煎得透，吃进去的油还会浸出来。再一个就是它和大蒜比较搭配。

我给自己的简单烹调两个定义：一是材料简单，二是做法简单。二者兼备或者具备其一。当然是在好吃适口前提下的简单了。这款蒜茸茄子首先材料除了主料茄子，另外只需要大蒜和酱油。做法也不复杂：茄子切条，用热油煎过，加蒜茸，浇酱油，然后就是吃了。不过还是有几个要点需要把握。

茄子的选择：小时候吃的茄子多是那种圆形的，现在茄子的种类也多了，做这个菜最好选用长茄子，长茄子也有好多种，首选应该是那种细长卷曲呈蛇状，表皮颜色浅的，这种质地最嫩，不过我们住处附近没卖的。其次可选长圆形状，表皮颜色浅的，我们门口也没卖的。最后只能选择这种长圆形状，表皮颜色深的了。这种茄子的缺点是皮厚，肉质松，吃起来口感要稍差一些。

茄子煎的时候多放些油，煎的过程中火不能太大，一直要到煎透为止。当然也可以用多些油直接炸，炸好捞出放在厨房用纸上把多余的油吸净。

大蒜要新鲜，最好用新的独头大蒜，比较多汁味美。

酱油品质一定要好，这是这道菜的味道之源。

用简单的方法来做一条鱼

有一位亲戚是家常菜的烹饪高手，他的工作是工程监理，因为菜做得好，工作时间上午半天以给自己和同事采买烹饪为主，饭后绝不收拾，全由同事打理。大家要吃他做的菜，手艺拿人，没有办法。他自己讲他会一百种做鱼的方法。一次在我们家里吃红烧鱼，他说你的鱼烧得比我好，不是因为你的手艺好，主要是你们山西的陈醋好。想得到这样骄傲的大师的夸奖真不是一件容易的事情。

我虽然不会用一百种方法来烧鱼，可自认为会用一种非常简单的方法，也可以把鱼做得好吃。

不过往往做法简单的菜，选材就很重要了。我自己家里做时，鳜鱼是首选。

鳜鱼刺少肉厚，肉呈蒜瓣状，鲜嫩细致，非常好吃。当然价钱也好。此时多是大同出马，去离我们家不远的海鲜批发市场，浏览各个摊档，选中一家，挑一条大小合适的鱼，请摊主人帮忙宰好治净，携带回家。

也有一次例外，那年在四川，住在成都附近的小镇，客栈老板龙哥曾买过好几种鱼来做这个菜，我以为最好吃的一次，是用了草鱼。当地卖的草鱼个头儿不大，一斤多些，不像我们这里的草鱼，个个都在两三斤上下。

再说做法，真是再简单不过，烧一锅开水，要锅大水宽，能放得下一整条鱼。水开后把鱼放进锅里，煮七八分钟，取出放鱼盘中。大葱葱白切段，剖开顺切细丝。鱼身上放切好的葱丝，再浇烧热的花椒油，最后浇蒸鱼豉油。如果喜欢花椒的，试着可以多多放些花椒，会有令人意外的效果出现。

清蒸鱼都用大火猛蒸，我却入水煮，也不是我的发明。有一回在电视上看烹饪节目，节目请五星大厨到电视观众家里的小厨房做菜，鱼就是入水煮，这我才学会。我体会用水煮，有几个好处。一是现在一般三口之家根本没有能放得下一只鱼盘的大蒸锅。二，煮的时候，鱼可以在水里蜷着，一斤多重的鱼一般的煮锅就能对付。三，煮的味道真的并不差，不知道是不是心理原因，我甚至觉得比蒸的还好。

轻轻松松地付出，就会有满意的回报，也可以让人小小得意一下吧。

香糟酒，香糟鸡翅
——老酒泡香糟，前世姻缘

为了做糟菜，特意先做了香糟酒，这香糟酒泡了也有一年多了。

香糟酒的做法非常简单：香糟1包500克，绍兴黄酒两三瓶，1000—1500毫升。我自己用了绍兴产的古越龙山花雕酒。也可以用加饭、香雪，总之一定要用品质好的绍兴黄酒。

预先准备一个玻璃的容器，要大一些，能够放得下这些材料。但也不能太大，因为要放入冰箱冷藏，太大的容器占地方。

香糟放入瓶底，再加入花雕酒，盖好瓶盖，放进冰箱，三个星期之后，香糟酒

就可以用了。每次用时，要用干净的勺子舀取，勺子上不能有水。取用酒的同时也可以捞一些糟粒。泡了酒的香糟经年不坏，而且越陈越香。

每次打开香糟酒的盖子，糟香加酒香扑鼻而来，看着琥珀色的香糟酒，就像看到一段好姻缘，会让人从心底里发出赞叹和微笑。

绍兴黄酒主要以水和米为原料，传说水以鉴湖之水，米为精白糯米，采用传统制作工艺，最终成为佳酿。虽说酒是其精华，糟是其渣滓，但前世原本就是一起的，今生分开了也是你中有我，我中有你，如今这两样气味相投的材料加放在一起，前世今生，机缘巧合，老酒加香糟，真正是香上加香了。

常见用酒做菜，用糟调味做菜据说是中国的一大发明。

我们在街上南味的馆子里也点过糟熘的菜，除了卖相好，只有很淡的糟的味道。如果喝酒的人恐怕这淡淡的糟香味也是吃不出来的。所以读朱家溍先生的《饮食杂说》：老先生吃山东馆子的糟熘鱼片，尝不出糟味，问服务员一句："这个糟熘鱼片怎么没有糟？"服务员回答："你再说一遍！"老先生大着胆子又说："怎么没有糟？"服务员说："你有什么证据就肯定说没有糟！"

老先生顿时无语。

家里有了预先泡好的香糟酒，就做香糟鸡翅。这个糟鸡翅也算是简单的烹调活动。鸡翅若干(视自己的需要)，在开水锅中用小火煮七八分钟，或用筷子插一下没有血水溢出就成了。取出后晾凉。取香糟酒适量，加少许盐、糖、凉开水或瓶装水，拌匀成香糟卤。香糟卤量以淹没鸡翅为宜。泡入鸡翅，在冰箱中冷藏一夜。

如果喜欢糟味浓可以少加水多加香糟酒。

那天有朋友来，请他们尝了糟熘鱼片。饭后聊天，眼看着朋友的女儿从一个黄毛小丫头，变成了如花似玉的大姑娘，自然谈起婚嫁等琐事。妈妈说女儿的理想就是找个喜欢的人，然后相亲相爱白头到老。这话一点儿都不错。可是年轻人的歌里也会唱：想爱容易相处难。就像这绍兴老酒和香糟，即使是前世的姻缘，也得要靠相互渗透浸润，在寂寞之处静静地滋养，才能把生活这盘菜炒得好，炒得妙。

泡椒炒双笋
——春风吹破琉璃瓦

巷口大李家的菜摊上有春笋卖，看来春天是真的来了。

山西的春天干燥多风，无论乍暖还寒，无论春暖花开，都是在风中进行。文人说“春风吹破琉璃瓦”，村里的老百姓说的是“春天的婆姨晒成汉”，毒的不是太阳，是风。在这样的风里下地干活儿，再鲜亮的脸蛋儿都得吹得黯然失色。

这几年人们说得太多的沙尘暴我们从小就见过。每年春天，清明前后或长或短，总要刮几天。遇到这样的扬沙天气就像见到老熟人，点点头打声招呼，一点儿都不惊讶。据说我们的黄土高原就是这样积累起来的呀。

小的时候什么季节吃什么菜分得很清，凭着鲜菜的上市，感觉到四季的变化，现在一年到头差不多什么菜都卖，以前的这点乐趣也没了。不过门口大李家的摊子上多少还是会有些变化，常常有了新鲜的时令菜就会进一点儿，比如笋、茭白、青木瓜、芥蓝、新鲜的蚕豆……最有意思的是大李家媳妇，每当看到我在那些菜的面前端详，她就会问："这菜怎么吃？"然后再说："你买了吧！"要不然就是："这菜没人会吃，你买了吧！"

我们自然会买。

用笋来炒肉，或者煮汤。也用它和莴笋一起炒，加半个泡辣椒，给清淡的味道增加点层次，也点缀一下色彩。

笋切片后先在加了盐的开水里焯一下，捞出晾凉，莴笋斜切薄片，用细盐腌10分钟，用清水冲净，略挤去水分，起油锅，放泡椒炝锅，放入两种笋片急火快炒，加盐出锅。

泡椒只要加一点点，多了太抢味，菜就不清淡了。

清炒芥菜叶和芥菜梗炒肉片

那一年看央视的《关键食客》，知道了黄珂：一个被他的同乡著名作家虹影认为是“真正做到了放下屠刀立地成佛之人”的“中国马龙·白兰度”。一个被他的食客们称为现代孟尝君。一个——总之，是一个很特别很有趣的奇人、侠士兼美食家。

知道黄珂，就知道了天下盐：黄珂和几个朋友开的一家饭馆，名字叫“天下盐”，为什么叫“天下盐”？有人解释说天下盐就是天下第一味的意思，盐，五味之首，菜的魂魄。还有人说川人自诩，认为自己就是“天下之盐”。

“天下盐”的生意好，最早开在北京的798，后来在北京其他地方开了分店。再后来居然在我们山西太原也开了一家。因为对黄珂先生和“天下盐”好奇，那天第一眼看到它的门脸儿，大同和我就决定了要进去尝尝味道。于是就认识了芥菜。

其实，“天下盐”的当家菜也是黄门家宴的当家菜“黄氏牛肉”。对这道菜的描述有一段很矫情的文字做成招牌就挂在店内的墙上：

> 黄氏牛肉：美食大家黄珂先生望京黄门宴上第一绝菜。将牛腩用盐、初恋、料酒码味，然后随姜、激情、香料下油锅炒至金黄加汤。先用十八岁的猛火后五十岁的欲火慢煨三小时。香辣中有爱的柔软，情的粘糯，恋的缠绵。

第一次大同和我并没有点这道黄氏牛肉，大概是因为它看上去很辣，而我又不能吃太辣。我们选了另一道——芥菜牛柳，以翠绿的芥菜为主，配以粉嫩的牛柳，炝过的辣椒鲜艳地点缀其中。牛肉真的很滑嫩，对我来说辣得也比较适中，主要是那个芥菜，第一次吃，吃进嘴里有一丝清苦的味道，很适口。虽然那只锅子一直在咕嘟咕嘟地煮，芥菜却从头至尾都碧绿爽脆。后来和朋友同事陆续又去吃过几次，这个芥菜牛柳像是保留节目，每次必点。以至去的次数多，和那个胖胖的女老板也熟络了，菜都不用点，直接由她看着安排。我们因为喜欢，每次那个锅子里的芥菜都会要求再增加一份。

据说芥菜是我们中国的特产蔬菜，我们太原市场上少有鲜菜，只在饭店和宾馆里可见烧好的菜式。鲜菜大多是从广东来的。一次在沃尔玛看到有新鲜的芥菜卖，现在去沃尔玛除了高筋面粉和低筋面粉，芥菜也成了我们必买的一项。

其实芥菜也是一个大家族，有叶用芥菜、茎用芥菜、根用芥菜等等好几大类。雪里蕻可算是叶用芥菜的一种，早年间一到秋天，好多人买来腌了吃。茎用的芥菜就是用来做榨菜的原料。还有根用芥菜，比如大头菜。看起来无论是叶用、茎用还是根用，大多时候都脱不了腌制的命运。

这种可以直接炒着吃的芥菜，广东人也叫雪菜、盖菜。我想“盖”是广东话里“芥”字的发音。叶子和梗都可以入菜，口感爽脆，味道清香适口，略有丝丝清苦。这是它的特点，大同和我都很喜欢。

芥菜洗净，用手撕的方法把叶子和梗分开，取其叶子，放入烧热的油锅内，快火炒，出锅前加少许精盐。

芥菜梗比较肥厚，我把它单另分出，和肉一起炒了吃。

听说有人培育出了新品种的芥菜，大概是认为原本芥菜“茎叶直立、叶多茎少、纤维多、茎叶青绿并带有苦味”是它的缺点而不是特点，把它变成“卷心的、茎多叶少的、乳白色味带微甘特征的”所谓优质品种。一种东西，样子变了不说，连味道都没有了。我不知道这个还是不是芥菜了。

酸甜苦辣咸，苦毕竟也是五味之一啊。

我们家的红烧肉
——上一道硬菜

硬菜，不是烧得很硬的菜。我们把俏了素菜炒的肉片肉丝称为软荤，硬菜就是那些相对软荤而说的，实实在在大油大肉的菜，比如：红烧肉。

红烧肉算是家常的菜式，各人有各人的做法，味道和品质也各有千秋。我的婆婆这道菜做得好，可惜她去世早，我没有得到她的真传，这么多年这道菜一直烧得差强人意。洛阳的姐姐也会做很好吃的红烧肉，去洛阳的时候就向她请教，她说其实烧这道菜的诀窍非常简单，只要把握，即可见效，回来后我照她的方法试做，果然品质味道大为改观。

和烧其他菜式一样，首先原料要好。五花肉 700 克，一定要新鲜，肥瘦肉夹层。洗净后切一寸大小的方块，放入锅中煸炒，直到肉中的水分熗干并出油时，加入姜片和一粒大料，放酱油，待酱油烧开出香味后加热水，水不要太多，与肉齐平就好。再用旺火烧开后小火煨，煨至肉块不见锋棱，汤汁浓稠时，加精盐少许，加冰糖一大块，再加醋几滴，大火收汤，待汤汁浓稠油亮泛起，将肉块包裹均匀后，即可出锅。

烧好的肉块装入盘中，颤巍巍的色如琥珀，盘中几乎没有多余的汤汁，瘦肉软糯，肥肉入口即化。

红烧肉把握火候很要紧。用《随园食单》的标准即为：“早起锅则黄，当可则红，过迟则红色变紫，而精肉转硬。常起锅盖则油走，而味都在油中矣。大抵割肉虽方，以烂到不见锋棱上口，而精肉俱化为妙。全以火候为主。谚云：‘紧火粥，慢火肉’。至哉言乎！”

做过多次后我也积累了自己的经验：肉不能太少，2 斤最好，最少也要 700 克。肉块不要切太小，否则做好后易缩易碎卖相不好，不漂亮。水要加开水，一次加足。煨的过程中可加几粒干山楂，我多数会加干的柠檬片。糖要敢放，和肉的比例大约为 1 ∶ 10，冰糖为佳。

小米，小米粥和金银二米饭

在人生的岁月里，许许多多琐琐碎碎的事物都会渐渐地与生命融为一体。饮食习惯会变得固执，才有南甜北咸东辣西酸。在山西生活得久了饮食中便有了许多黄土高原的烙印，所以晚饭的那一碗热乎乎的小米粥，几乎变得天经地义。

文化学者邓云乡先生是我们山西灵丘东河南镇人，早年毕业于北京大学，后在上海的高校任教，20世纪80年代应邀在电视连续剧《红楼梦》里担任民俗指导，为更多的观众所熟悉。邓云乡还是一位美食家，做得一手好菜，经常在烹饪杂志上写些精美的饮食小品。我前后看过邓先生两篇谈小米粥的文字，一篇《小米粥和粥菜》，一篇《大锅小米粥》。小米大概与他温暖的童年回忆融在了一起。

先生在文中写了："但也有著名品种，山西省潞安府庆州小米十分出名，叫‘庆州黄’，不过我只听说，没有吃过。”这里有一个错误，庆州应为沁州，“庆州黄”应为“沁州黄”。查《辞海》“庆州”，一是在今甘肃、陕西，一是在今内蒙古。而以“沁州黄”出名的山西沁县，是因源于北太岳山东麓的沁河而得名。“沁州黄”色泽鲜黄，颗粒圆润饱满。

作为山西籍的美食家，没有吃过家乡的“沁州黄”，多少有些遗憾。过去很长时间，粮食都是国营粮店的专卖，并没有什么品种的区别，而且还要凭票定量供应，真要吃一点儿沁州黄，大概也是妄想。现在方便了，我家附近的一间超市就有得卖，大小两种包装，大的 1000 克，包装设计上用了水墨山水，我喜欢这种传统风韵，小的只有 500 克，用饱满的谷穗作底纹。

读先生的文字，知道先生是山西雁北灵丘人，却不见先生提及“东方亮”，这也是一种极好的小米，就出在与灵丘相邻的广灵县。十几年前，我有缘到广灵，因为主人的盛情，带一点儿回来，果真好，可以煮成一种融融的浓粥，颜色并不黄得鲜亮，但极糯，表面有一层厚的膜，留下很深的印象。以后每年的秋天总请友人寄一点儿过来，尝尝稀罕。

朋友是云乡先生的同乡，灵丘也出产小米，但是仍要去几十里外的广灵找正宗的“东方亮”，也是友人的热忱。

春种秋收，经过春夏秋三个季节的阳光雨露，山野清风，才能收获到圆润饱满金黄的谷米。再加好水文火细煮，将大自然储藏的热能与这些得天地日月精华的籽实在水中渐渐融合。这就是小米粥。其实这样简单平实的小米粥，却是养生的极品。

宋代诗人陆游有小诗《食粥》：“世人个个学长年，不知长年在目前。我得宛丘平易法，只将食粥致神仙。”有诗人自己的题解：“张文潜有食粥说，谓食粥可以延年，予窃爱之。”张文潜著有《宛丘集》，称宛丘先生，所以有宛丘平易法一说。只是越州人陆游煮的应该是大米粥。

小米可以配南瓜、山药、土豆、红薯一起煮，煮出不同风味的小米粥。

小米除了熬粥，还可以和大米掺在一起焖饭，山西人称作“二米饭”，现在有人嫌二米饭叫得俗，为讨口彩改称“金银饭”。一般大米多一些，小米少一些，小米大概占四分之一、三分之一的样子。小米好的话，颜色非常黄，与白米相映，像撒了碎金，金银两色，很有趣很漂亮，吃起来口感也会有一点儿变化。

只是进了伏天，小米极易生虫。也有简单的办法：把小米装进干燥的空饮料瓶里，盖好盖子，然后放进冰箱的冷冻室冻上一夜，储存一夏绝无问题。

青笋炒腊肉

——这笋不是那笋，这腊肉也不是那腊肉

这个菜如果用那种颜色碧绿、体态小巧的四川青笋来炒，样子和味道会更好。

前些年大同去四川出差，晚上到了成都已经错过了饭点儿，东道就带他出去点餐。其中一道“炒青笋”留给他很深的印象，回到家来念念不忘。我也试着用

太原本地的莴笋炒过几次，总是炒不出他记忆里的味儿，据说因为这是白笋。

去年夏天落脚在成都附近一个小镇，才真正知道了青笋。

小镇三天一集，农贸市场的新鲜蔬菜品种多样，好多没见过也没吃过。青笋是当地再普通不过的蔬菜，我却因为有了之前的经验，竟有一种蓦然回首灯火阑珊的惊喜。都是莴笋，太原常见的那种个儿大、颜色浅的是白莴笋。四川的青笋体型娇小，色泽碧绿，叶子总是水灵灵的，样子很精神。当地人会替你削去青笋的皮。大多时候他们会把整棵莴笋一刀切成两段，分成笋尖和笋头，带叶子的笋尖部分人们买了回去或清炒，或炝拌，或入火锅，川人称“凤尾”。切下来的笋头随意堆在一边，任人挑选，比凤尾要卖得便宜。川晋两地莴笋的味道也相差很多，白笋味淡，青笋的味道清香得很。

这道炒腊肉的笋自然不是四川的青笋，还是本地的大笋，去皮洗净，切片后用盐腌渍片刻，略挤去水分。腊肉也不是四川老腊肉，没有烟熏的味道，但颜色红润如琥珀，带着淡淡的甜，是朋友从浙江带来的。上锅蒸了，晾凉切片。这几天正是新蒜上市，所以多用了几瓣蒜，做一道笋炒腊肉，好像又感觉到了成都平原边上那个小镇的气息。

炒排骨

记得许多年以前，“文化大革命”期间，十几岁停课在家，成了家里的买办，上午提只篮子晃晃悠悠地到街上买菜，偶尔会去酱园巷的副食品市场买排骨。倒不是天生的好吃排骨，完全是因为那时候不管什么东西多是要计划限量供应，凭证，凭票，凭号。唯独排骨自由化，不要凭证，随便买，其实所谓排骨只是些少肉的肋条和一些杂七杂八的骨头而已，还不是常有，要有些运气。有时也可以耐心地等，等到一扇肉卖完了，就会有机会。有一位个子高大面色粉白的卖肉师傅，到今天我还能想起他的模样，态度温和，好通融，常得到他的照顾。

现在不同了，市场繁荣，经济宽裕，人们对吃也讲究起来，感觉排骨既有营养，又不那么油腻，于是排骨也卖过了肉价钱。有一次在肉摊上和卖肉的师傅发了几句牢骚，他却是笑嘻嘻地对我说：“如今是有钱的吃骨头，没钱的吃肉。”

排骨比肉自有其优势，肉与骨头之间有筋腱连接，所以吃起来有种特殊的口感，而中国人在“食”的审美追求上口感的好坏与否占有很重要的位置。再说吃法，这排骨可清炖，可红烧，既能喝汤，又可食肉。

只是过去没见过炒的，后来在郑州二哥家，见他炒排骨，才知道排骨还能炒着吃。炒好的排骨被红亮粘稠的汤汁包裹着，吃起来咸甜微酸，筋道有嚼头，最主要的是做起来简单省时。这样的做法吃法深得我心，当时就记住了：猪小排斩成小块，干锅起火，锅中不加油，排骨干锅煸炒，待肉收缩变色后，按顺序：放油炒匀，再加一大勺醋，然后是酱油、姜片，加少许热水后关小火，稍焖煮片刻，起锅之前搁糖，大火收汤至汤汁红亮黏稠。

后来自己在家里做了几次，把握要领，现在这个炒排骨已经是我们家的保留菜，请朋友来聚多半都要来一盘。用同样的方法变换不同的材料由此引申出炒鸡翅，炒鸡腿，炒五花肉等等的菜式。

杏酱烧排骨

前些时候有朋友送了我两瓶他自己做的山楂酱，酱做得好极了，颜色好，极细腻，黏稠也恰到好处。朋友是位钻石王老五，让我几次怀疑有真正的高人在暗处帮忙。

有一回烧排骨，本该放糖，一时兴起，我随手放了些山楂酱进去，结果排骨的味道就有了一点点微妙的变化。现在山楂酱早已经吃光了，想吃也只有等到秋天。可是现在有杏儿，这一回的烧排骨我用了自己做的杏酱，一样的酸酸甜甜，用它来代替部分糖和醋，让杏儿藏在味道的深处，若隐若现，似有似无。

我习惯把买回家来的排骨先用清水冲洗干净，再在加了醋和酒的水里浸泡，放酒为的是去腥，加醋据说可以使肉质膨松，更容易烧得松软酥透。浸泡时间不宜过长，再用清水冲洗两次就可以放入锅中烧了。

炒锅里不放油，先把排骨放进去煸炒，炒至水分烧干，肉色变白，排骨自身的油出来，骨头上的肉有点点缩了的时候，加 1 大勺油、几片姜进去继续煸炒。

接着加1大勺醋，2大勺生抽，再加入1大勺杏酱，1大勺大概有50毫升左右。翻炒至锅里的调味料烧开的时候加开水，水不要浸过排骨，烧开后加盖，用中火略焖片刻，再加半勺糖，再加 1 大勺杏酱，大火烧至汤汁浓稠，排骨红润明亮即可关火出锅。

这道菜，材料简单，成菜迅速。关键是调味的材料一定要放足，撇开果酱不说，其他的材料比例：1 份油，1 份醋，2 份生抽，1 份糖。除了主角排骨，最多就是再加几片姜了。炒这道菜有几个要点，排骨的分量不要多，五六两的样子，够炒一盘足矣。调味料的“一份”是多少，要依主料排骨的分量来定。糖用冰糖最好。

霉干菜烧肉和温州肉饼

生在北方，长在北方，虽然偶到江南小住，对江南毕竟陌生，霉干菜便是一例。

说到霉干菜，在我们这里最常见的就是饭店里的梅菜扣肉，也有人说此梅干菜不是彼霉干菜，查百度百科似乎此即是彼，在此存疑。所以一说霉干菜就想到烧肉也是自然，肥润的五花肉和清香的霉干菜真是绝配。前些年，乘大巴车从南通往杭州去，路过嘉兴，在高速公路的服务区，居然头一回吃到霉干菜粽子，大大的一颗，并不见肉，只是在油渍的糯米里有米样大小霉干菜的碎粒，霉干菜和着肉的香气，让人意外地惊喜，至今难忘。

到了秋天，我们这里也会有人腌些雪里蕻，如今超市里也永远会有腌好的雪里蕻，切小段配点肉丝或者肉丁炒一下，是下饭的良菜。但，并不晒制成干菜。鲁迅先生是绍兴人，关于先生家乡的饭菜，先生是写过一点儿文字的："我将来很想查一查，究竟绍兴遇着过多少回大饥馑，竟这样地吓怕了居民，仿佛明天便要到世界末日似的，专喜欢储藏干物品。有菜，就晒干；有鱼，也晒干；有豆，又晒干；有笋，又晒得它不像样；菱角是以富于水分，肉嫩而脆为特色的，也还要将它风干……"这自然只是先生的几句戏谑而已，全然当不得真。

前几日，有祖籍浙江的朋友送了些霉

干菜。是朋友家乡亲戚居家自制，所以品质非常好，干净，气味清香，想着买一块好肉放在一起烧烧。

烹饪杂志《贝太厨房》这几年一直订着。新的一期来了，看见介绍了一款温州肉饼，用到了霉干菜，看着让我喜欢，就索性先试着做几个温州肉饼。

霉干菜洗净，冷水浸泡至松软后切碎。猪肉 1 斤，肥瘦分开，分别切成大米粒大小的碎粒。香葱切碎。瘦肉调味，搅拌均匀之后分次加入冷水适量，用力搅拌或摔打形成黏稠的胶状，最后再加入切碎的霉干菜和肥肉粒拌匀。分成五份，团成圆形压扁放在盘子里。蒸锅烧开后把装好肉的盘子放入，大火 15 分钟，成功!

事情总是触类旁通，无论制作杨公团还是狮子头，甚或包子馅、饺子馅，加入冷水搅打或放入盆中用力摔打，肥肉切成小粒最后拌入，都是为了增加口感 Q 弹油润。我自己的体会是多加些肥肉丁自然就会油润。馆子里大厨搅打时加的一定是上好的高汤，只自家的小日子不容易总有那么方便的高汤备着。

我的霉干菜烧肉的做法更简单，霉干菜浸泡后洗净沥干，五花肉洗净切大块。先把肉在加了少许油的锅里炒一下，再另起油锅爆香葱姜，直接加入肉和霉干菜翻炒，再加生抽、料酒、糖和少量水，大火烧开，稍焖一会儿，盛入一个大个儿的碗里，放蒸锅蒸到肉菜油亮。

这个霉干菜烧肉一次可以多做些，这道菜经得起反复蒸热，越蒸越香越入味，最后肥肉都化在霉干菜中，霉干菜也浸润了油脂，用来拌饭、就馍都再好不过。

荆芥

河南郑州的菜市场里卖荆芥。

到过河南几次，大概因为亲戚们不是本地人，所以去了几回也没见过荆芥。这回借居河南，算深度游，第一回在超市里见到了荆芥。平日做菜，芳香菜用得不多，在太原大概只有香菜，也叫芫荽。印象里西洋人芳香植物用得多，薄荷、迷迭香、百里香、罗勒种种。所以在郑州见到荆芥也很好奇。

荆芥的味道很冲，很特别，乍一闻有点儿不大习惯。但郑州当地人很喜欢吃它，到夏天，买一小把荆芥，选嫩叶洗干净了，直接凉拌，还有和黄瓜一起拌的，或者下面条时做菜码，面条煮好了撒一把下去再出锅。再有和生的洋葱、尖椒拌在一起，也叫“老虎菜”，和山西人用香菜、尖椒拌的“老虎菜”有同工之趣。

说夏天吃点儿荆芥，清火。

没见过当然也就没有吃过，因为好奇就买了一把回来，吃之前还特意去网上查询一下，想对它有更深入的了解。

百度百科说："河南一带所说的蔬菜'荆芥'，并非植物学上的荆芥，而是罗勒。可直接凉拌食用。"又说"罗勒 Ocimum basilicum 在我国河南称为'荆芥'，作为配菜、作料，用于制作菜肴或与蒜等一起捣烂作为面条浇汁或者饺子蘸料。"这种和大蒜一起捣烂了，作为面条浇汁的吃法，倒确实让我想起在一些美食博客里看到过的青酱拌意大利面。青酱用的就是罗勒。

为了慎重，又电话请教了郑州市蔬菜研究所，接电话的那位却很果断地告诉我：荆芥不是罗勒，味道就很不一样。

曾经养过一盆百里香，一盆迷迭香，还养过一大盆的薄荷。一直想养一盆罗勒，却未能如愿，所以我也从来没有见过鲜活的罗勒植株，更不知道它本应是什么味道。

接下来又去查中国植物志：好像说荆芥可以算做罗勒的一种。

虽然最后也没弄得明明白白，但并不妨碍我把它和黄瓜木耳一起，做成了一盘菜。

先前做过一道炝拌黄瓜木耳，再把洗净的荆芥嫩叶放在上面，吃之前浇汁拌匀。记住，荆芥一定不要预先就拌，什么时间吃什么时间拌，才能保持荆芥叶子的鲜嫩，否则很容易变色发黑。

家常豆角焖面

山西叫焖面，河南叫卤面，做法相似。焖面，很家常又好做，一锅下来有荤有素，有主食还有蔬菜，非常适合小家小口的做着吃。尤其到了夏天，豆角下来的时候，价钱也便宜，买了机器压面，再配点儿有肥有瘦的五花肉片，回家一炒一焖，再来一碗萝卜汤或小米汤。饭菜虽然简单，可是又省事，吃得又舒服。

那一年的夏天，住在成都附近的街子镇上，一家不大的客栈，叫作"背包驿"，十来间客房，带有一间不小的厨房，客人可以自己做饭。记得刚去的那天正赶上周末，客人多厨房的灶头不得闲，大同和我为了省时省事就做焖面。川人豪爽不认生，而且人人似乎都很会做饭烧菜，无论是自己烧菜还是看他人烧菜，都喜欢品评议论。我们的焖面做好，盛在碗里准备吃的时候，围观的人不少，都问这是什么吃法，我们回答这是山西的焖面。

住得久了，跟客栈当家的龙哥混熟了，龙哥跟我们说，那一天刚好他的父亲也在，回家之后就要吃山西的焖面，他的母亲说我哪里会做。

大同跟龙哥讲那好办呵，哪天请老人家过来，专门给他们做一锅就是了。龙哥说不用管饱，可以当作一个菜。后来这道山西焖面就作为一个菜，成了"背包驿"的保留菜式，周末龙哥的朋友们来休假聚餐，做一小锅焖面端上当作一道菜。

我们回山西后，龙哥打电话过来，说那天在成都的街上，居然发现一家山西焖面的馆子，龙哥请朋友们吃了，大家认为，比老王做的焖面差远了。

就是在山西的小饭铺也有卖焖面的，但是不如家里做的好吃。关键还是方法，饭铺里的大锅焖面，一般是把菜和面分开来做熟，再放在一起搅拌匀了。家里做的时候，是把面条和菜肉放在一起，用有滋味的汤汁把面条直接焖熟，面条浸透了汤汁，非常入味。

做焖面的材料简单，三人份的材料：

豆角 500 克，细面条 500 克，猪肉 200 克；葱姜蒜适量。

做法：

1）豆角洗净后用手掰成寸段，猪肉切薄片；

2）起油锅，下肉片，炒至变色下葱姜，加酱油，翻炒至熟，出锅；

3）另起油锅，放蒜片，出味后放入豆角翻炒，加酱油、盐；

4）放入炒好的肉片，拌匀，加水，没过豆角；水开后把面条抖开放在菜的上面；先大火烧开，转小火，焖 15—20 分钟；这时锅里还应该有少量的汤汁，就把火关掉，把上面的面条和下面的菜拌匀就好。

焖面的关键一锅不能焖得过多，面条搁多了，就是老手也弄不出什么好活儿。

怀山龙骨汤
——有关汤的话题

今天来碗怀山龙骨汤，用了猪的脊椎骨和从焦作买来的铁棍山药。猪脊骨多瘦肉，比较柴，但价格便宜，买来煮汤比较适合。铁棍山药是怀山药的一种，可食可药。

山西人家常饮食不大注意"汤"，如果吃饼或馒头一类的主食，多是熬些小米粥。如果吃面条，最后喝一碗面汤即可，常常是伴着"原汤化原食"的理论，就把一碗汤喝下去。大约是看着一大锅煮过面条的汤，稠乎乎的，就这么倒掉实在可惜，所谓"原汤化原食"，不过就是给自己找到一个节俭的理由而已。南方人讲究喝汤，除物产丰富的原因之外，大约与那里冬季阴冷潮湿，夏季酷热高温的气候有关。

不过也不是北方人都不重视"汤"，鲁菜中的清汤、奶汤极负盛名，洛阳的水席也是以汤菜为主调。其实在烹饪中煮汤实在是一门要紧的技术。厨行有句谚语："戏子的腔，厨子的汤。"可见煮汤技艺的重要。

我认识汤应该是从"高汤"开始的，年轻的时候在食堂吃饭，餐厅当中一定有一只白铁皮的大桶装了酱色的稀汤，上面漂了几星葱花，虽然并不是什么美味佳肴，但是不要钱随便喝，所以每餐都要喝一碗。人们都管这酱色的汤叫"高汤"。后来读了梁实秋先生的文章才知道真正的"高汤"绝不是那么一个样子，梁先生写道："高汤的制作法是用鸡肉之类切碎微火慢煮而成，不可沸滚，沸滚则汤混浊。"

鲁菜中的清汤要以肥母鸡、肥鸭、猪肘、猪骨做原料，经过长时间的微火慢

煮，把原料中呈鲜味的物质充分溶于汤中，然后再用猪里脊肉泥、鸡脯泥、鸡腿泥吊三次汤，肉泥中的呈鲜物质再次泄于汤内，并把杂质吸附出去，便成清澄鲜美的清汤。说到这儿，我想起中国的诗文自古就有“宜朴不宜巧”“宜淡不宜浓”的说法，然而所谓的“朴”与“淡”是“大巧之朴”“浓后之淡”。把鸡、鸭、猪肘、猪骨丰富浓厚的鲜味营养提炼得清似秋水而味美可口，也正是体现了这一艺术的哲理。

家里人喜欢喝汤，所以我也常在晚饭之后、睡觉之前的三四个小时的时间里来煮汤。专业的清汤煮起来费功夫，所用材料也不是平常人家所能承受。通常煮汤，或一只鸡，或一个猪肘，或一些排骨。只要掌握几个要点，也可以煮出味道鲜美的汤。

煮汤的原料要先在开水中焯过，用清水漂净血沫，再加冷水下锅，大火烧开后转文火慢煮。水要一次加足，中途不可以再加水。

其次，不要早搁盐，葱、姜、料酒等佐料也要加得适量。若煮鸡汤只需搁姜。

第三，要使汤清，在先用大火烧开时要及时撇去浮沫，然后用文火慢煮，汤在煮制的过程中始终保持微沸的状态，这样煮出的汤才清澈。

这碗怀山龙骨汤，用了猪的脊椎骨和铁棍山药做原料。猪脊骨在沸水中焯过后用清水漂净，善煮汤的广东人把这个过程称作“飞水”。飞水后的龙骨再加水，大火煮开后用文火煮约 2 个小时左右。煮好的汤放置一晚，第二天吃的时候加入切块的山药同煮，煮至山药熟透即可。

冬瓜蓉汤

这款冬瓜蓉汤最特别的地方，就是要把冬瓜擦丝。第一次见识的食客偶尔会有小小惊异的反应，不管这反应是真实的体验，还是出于客套，都让我有相当的满足。

首先得有一锅清鸡汤。清鸡汤，就是煮鸡汤时只放一块拍松的姜，小火慢煲，汤要尽量煲得清澈。汤好之后撇去上面的浮油，捞出鸡肉。

冬瓜去皮，擦细丝。

鸡汤煮开后放入冬瓜丝，再次煮开即离火，上桌时加香菜。也可以先把香菜用少许盐拌好，加在自己的汤碗中。

汤表面的鸡油尽量撇干净，据说讲究的最后要用麻纸铺上去，吸净残油，我还没有讲究到那样精致。不过，撇出的油可别扔掉，收纳起来留着可以做酸汤饺子。

最最简单的萝卜汤

“冬吃萝卜夏吃姜”，这是平常百姓的经验之谈，也比较符合山西人的生活习惯。以前，太原冬季的蔬菜品种极其单调，几乎没有什么鲜菜应市，了不起添几样黄芽韭、名韭。记得早年住平房院儿，家里还在南窗下面挖了一孔菜窖，每年深秋，存储一窖的土豆、白菜，萝卜也一定少不了的。

小时候并不爱吃萝卜。上中学时住校，学校的食堂冬天里顿顿大烩菜，白菜、土豆、粉条、萝卜一锅烩，那时一个人一个月只凭证供应3两菜油，所以烩菜真正是一派水煮，我觉得胡萝卜怪怪地甜，而白萝卜有一股“辛甘”的味道，更不好接受，常常被剩在碗里，然后趁左右无人，偷偷倒掉。

再吃起白萝卜，已经是后来的事情。大同爱吃白萝卜，无论生熟，他都喜欢。有一回，他建议我午饭加一碗白萝卜汤，我记起少年时的经验，没有把握，他自告奋勇，下厨舞弄一番，汤煮出来，茸茸的，味道不差。他口中还念念有词：“吃点儿萝卜喝点儿茶，气得医生满地爬。”告诉我们这是他外婆亲传的口诀。其实

这并不是什么秘诀，我们也知道萝卜是“小人参”。明代李时珍先生称赞萝卜“可生可熟，可糖可酱，可豉可醋，可腊可饭，乃蔬中之最有利益者”。现在，我们家入秋之后，白萝卜汤要喝够一冬的。

平时，我只是将白萝卜切片，投入清汤，煮熟，点一点儿荤油，再撒一撮芫荽，加白胡椒粉。

要逢家里有一块好排骨，就细细地炖半锅好汤，再将白萝卜切大的块，用沸水焯几滚，捞出，放进排骨汤去煮。焯过萝卜的水弃之不用。我愿意把萝卜煮得烂一点儿，糯糯的，很香。

羊肉萝卜汤

——立秋一碗汤

中医药学的宝典《本草纲目》中说：羊肉，大热。似乎不应该是伏天吃的东西。可是山西一些地方却有伏天喝全羊汤的习惯，而且还要放上红红的辣油，吃得大汗淋漓。据说，因为天热多吃生冷，容易胃寒，一碗道地的全羊汤可以逼出胃中的寒气，通身畅快。

今年夏天比往年热了许多，空调开得比往年时间早，比往年时候长，生冷也吃得多。大同的肠胃先就不平静，那天居然提出来想出去喝碗羊汤。太原倒是一年四季都有羊汤，生意也好，好的店家中午食客一定是迤迤逦逦地排到大街上去的。可是，店家口重，大同口轻，那汤真的有点咸。

立秋一过，几场小雨，太原早晚就已经有点凉了。那天路过清真肉店，窗口也排着不长不短的队伍，凑过去看见案子上的牛羊肉都非常得好，于是也排在后面，牛羊肉都买些回来。

昨天晚上就着秋凉，把羊肉收拾好，入锅，小火清炖。今天中午加了胡萝卜和白萝卜，刚刚恰好买到了黄色的胡萝卜，而不是平常红色的。这种黄颜色的胡萝卜比红颜色的胡萝卜好吃。肉吃了没有几块，两样萝卜全部吃光，汤也喝去了大半，胃里极熨贴。

汤中的水要一次加足，不要中途再加水。萝卜预先焯一下水可去掉辛味，汤会更鲜甜。焯水时用凉水下锅，煮开即可。羊肉略肥些会更好。

莲藕红豆排骨汤

这是一道比较家常的中式汤菜，汤多时叫作汤，汤少了就是菜。因为藕和红豆煮熟后口感很绵糯，一碗汤喝下去主食都不要了。

我们这儿多用藕做凉菜，为了颜色好看喜欢用白莲，所以菜市场卖菜的小贩都会特别声称他卖的是白莲。其实藕的品质并不在于红白之分。藕中有专门生吃的，还有适合快炒和慢炖的。有专门的藕莲，还有以采收莲子为主的子莲，子莲的莲子大，藕却生得细小而质硬。江浙一带，就有称美人红、小暗红、大紫红的，都是品质很好的藕莲。著名的藕乡江苏宝应，每到逢年过节、鲜藕出塘，都要吃一种叫作“捶藕”的甜食，据说做好的“捶藕”，颜色呈酱红，口味甜糯。美人红、小暗红、大紫红都是适合做这道传统美食的品种。

在我们这儿的菜市场没有太多的选择，卖的多是根茎粗壮的七孔藕。质地好的品种，肉质细嫩，鲜脆甘甜。不过看上去相同也还是有细微差别的，就拿我做过的同一道莲藕红豆排骨汤，用同样的材料，同样的时间，炖出藕的口感会有差别，有时很糯，有时却会发脆。不过只要藕新鲜，并不影响汤的味道和功用。

用莲藕和排骨各 1 斤，红豆 1 把，陈皮 1 片，红枣七八个。排骨洗净切段，焯水，再用冷水漂洗干净。莲藕洗净去节去皮，切厚片。红豆洗净清水浸泡约 10 至 20 分钟。陈皮浸软去白瓤。

全部材料放入清水锅中，大火烧开后用小火煲 2 至 3 小时，加盐调味即可饮用。想偷懒或为省时间，用高压锅煮也不错。

除了用排骨，还可以用猪的椎骨或瘦肉来煮这道汤。广东人最爱用的是牛腩。“牛腩”是广东方言，就是牛肚子上和近肋骨处松软的部位，特别嫩滑。

这道汤的汤色粉红，莲藕和红豆软糯，汤浓味鲜，温和可口。不只味道好，还有保健的作用，据说红枣补气血，红豆清血热利水湿。这锅汤健脾开胃，益气补血，老少男女皆适宜。

风味咸蛋
——把鸡蛋腌起来

20 世纪 70 年代初，刚刚参加工作时是在太原河西一家工厂里，平时吃饭就在厂里的食堂，想打牙祭时，也会下点功夫自己烧菜吃。通常是到附近一家最大的商场门口，从农民手里买鸡蛋，如果运气好，还可以买到活鸡。这种工农之间的交易灵活多样，可用现金，也可以用别的东西，比如我就常用多余的粮票换鸡蛋吃。当时的粮票分粗细两种，若用粗粮票，就多几斤，若用细粮票就少几斤，总之折合成钱都差不了多少，虽说国家规定粮票属于无价证券，但它与人民币的比价，大家心里都是有数的。算起来一只鸡也就合两三块钱，鸡蛋也就是一斤一块钱左右。

现在人们的饮食状况也早已从早饭能否吃到一个鸡蛋变成了每天的早餐是不是需要吃一个鸡蛋。就我们家来讲，我自己每天早饭吃一个白煮蛋，大同从来不吃，所以鸡蛋的消费量很低，一般随吃随买，每次不会超过一打。即使鸡蛋价格浮动也不会影响购买的节奏。

前几天家里有人因为一点小情况在医院里小住几天，居然收到亲友送来的不少鸡蛋。除了分赠给左邻右舍，还有剩余，想一想还是用老办法把它们腌起来好了。

腌蛋的方法有多种，过去妈妈多用盐水和泥，然后用泥把鸡蛋一颗一颗地裹起来。有时也用花椒大料咸盐水浸泡。但是这两种方法都有不易之处。一是城里找点儿干净的黄土不容易；二是用盐水泡，只要有一只鸡蛋裂缝，别的鸡蛋就容易变成黑心的臭鸡蛋。

我现在用的方法简单有效：

鸡蛋洗净晾干，在50度以上的白酒中洗个澡，再在精盐中滚一下，表面粘满盐末后用塑料薄膜包好，放入容器中摆整齐，盖好盖子，密封一个月后就变成油汪汪的咸蛋了。

腌过几次之后，也有了一些心得：一个月之后的咸蛋已经入味，但不是很咸，白嘴吃也很香。两个月之内的咸蛋出油更多。如果再继续腌下去，蛋黄还好，蛋白味道会太重，还会缩小变干。

腌好的咸蛋在吃之前先煮或者蒸一下，佐粥下酒都不错，蛋黄还可以用来做甜点呢。

蜂蜜柠檬茶

一直喝自己泡制的柠檬茶。这种柠檬茶的味道不错，关键是做法简单，却很实用。曾向很多人推荐过它的做法和用法，尤其是在梅子的咖啡论坛里，因为它做法简单而又实用，广受欢迎，居然被大家称作“兰若的柠檬茶”。

其实最早我是用糖来腌渍柠檬的，一片或几片柠檬，洒上一勺白糖，让柠檬片里的果汁自然淅出，柠檬的味道也很不错。但缺点是很容易坏，尤其浸出的汤汁少，不能足够淹没柠檬片的时候更不好保存。于是想到了用蜂蜜，没想到效果出奇地好。

要准备几只柠檬，一瓶蜂蜜和一个密封瓶。普通的瓶子也行，只要盖严，倒过来不漏就行。

市场上卖的柠檬表面有一层果腊，清洗的时候在手心放一点儿盐，轻搓柠檬，再用清水冲洗，这样似乎可以洗掉一些果腊。

柠檬洗净晾干，切成薄片，在瓶子里码好，注满蜂蜜。柠檬片加入蜂蜜后，便会渗出果汁，黏稠的蜂蜜变得稀薄。柠檬片会漂浮起来，拧紧盖子，把瓶子上下颠倒几次，没有气泡了倒着放在冰箱里，一夜就好。

每天早上，一杯温开水或矿泉水，依自己的口味，加一两片蜜渍柠檬和适量蜂蜜汁，即可。别看只用一两片，味道浓厚，可以反复冲泡多次。

也可以在沏好的红茶里加一片蜜渍柠檬，做成一杯适口的柠檬红茶。

我也常用来做菜的调味，代替醋，酸甜口儿，菜的颜色会很鲜亮。

还有一种用法，美容，睡前洗脸后，用一点儿柠檬蜜拍在脸上，几分钟后用清水洗去，就是一次简单的面部护理。

最初瓶子里柠檬多蜂蜜少，可以随用随添加适量蜂蜜，直到柠檬片用完为止。还有就是一次不要做太多，随做随吃，现在柠檬常年有的卖，品种也多，很方便。

我偶尔也会将柠檬削皮，皮也一起泡在蜂蜜里。泡过的柠檬皮可以用来烘点心或做菜的配料。

冬日进补：红枣核桃桂圆芝麻冰糖花雕阿胶膏

眼看着又到年根儿，这正是进补的好时候。三九进补，开春打虎。入了冬，天寒地冻，消耗的能量大，可是冬天昼短夜长，讲究一点儿滋补，养精蓄锐，有益无害。这回我给朋友们介绍一个我自己服用了多年的方子。这个方子并不是什么稀奇的东西，就印在山东阿胶的包装盒上。

需要准备的材料有：阿胶 250 克，黄酒一瓶 500 毫升，冰糖 150 克，黑芝麻 500 克，核桃仁 300 克，红枣 450 克，桂圆肉适量。

阿胶要数山东东阿的名气大，其实我们山西自己生产的也不错，关键是要真正的驴皮熬制。红枣要选那种个大肉厚的品种，桂圆肉可以在中药店里买到，黄酒最好是上好的绍兴陈酿。

具体的做法：阿胶掰碎放入搪瓷的容器内，用黄酒浸泡 3—5 天，黑芝麻炒熟研碎，核桃仁研碎，红枣洗净晾干，去核后切碎，桂圆肉切碎。选一稍大些的蒸锅加水上火，放入浸泡阿胶的搪磁容器隔水蒸，蒸至阿胶完全溶化，此时加

放黑芝麻、核桃仁、红枣、桂圆肉、冰糖，继续蒸15分钟左右，蒸至冰糖完全溶化为止。晾凉以后，便成为膏状。从冬至那一天开始，每天用沸水冲一勺，最好空腹饮用，一直喝到立春。这些都是好吃又营养的东西，多吃一点儿总没错。这些年我一直坚持服用，感觉效果不错。也曾推荐给一些朋友，她们终是觉得麻烦，没有一个人做过。其实也不过就是半天的时间，并不十分费事。虽是以阿胶为主，因为加了好些配料，喝起来并没多少中药的味道。

看到网上有人在卖阿胶膏，其实这个东西很简单，没什么技术含量，需要的只是耐心而已，要吃还是自己动手做比较好。

自制新鲜酸奶酪

早饭一定要有一杯热的牛奶，已经是多年的习惯。即使是在牛奶的声誉最低迷的时候也没改变过。不同的只是选择牛奶的品牌更谨慎了。我想除了考虑营养，对于一早要上班、上学的人来讲还是比较方便快捷吧。

据说是因为我们中国人生活在一片阳光普照的大地上，又有富含钙质的大豆和深绿色的多叶蔬菜，我们的祖先没有通过喝牛奶才能获得钙的压力，所以中国汉族传统食物中几乎没有奶制品。不知道这话说得有没有道理，确实好多人不喜欢喝牛奶倒是事实。

牛奶在我们家不只是早上喝一杯那样简单。做一个西式的浓汤，或者烘烤面包和蛋糕的时候做为搭配的材料，总之很多地方都要用到牛奶。

最通常就是把牛奶发酵做成酸奶。让牛奶发酵变酸对我来讲是一个有趣的动手的过程，据说比较牛奶，酸奶更容易被人体吸收，其中钙没有减少，又多了乳酸菌。乳酸菌可以帮助吸收牛奶中的钙，又增加了肠道中的好菌，可以维持肠道内菌群的平衡。所以这么多年我们家里一直是喝自己做的酸奶。有些人喝了牛奶会拉肚子，那就改喝酸奶试试。

把牛奶做成酸奶的过程非常简单。1 升牛奶煮开后晾至室温，加入 200 克原味酸奶，拌匀，放入用沸水烫过的容器，或者酸奶机，接下来耐心等待就是了。当原本是液体的牛奶凝成果冻样，酸奶就做好了。

现在更方便了，网上可以买到专门做酸奶的菌，正式的名称叫作酸奶发酵剂。这种酸奶发酵剂又分两种，一种是配合酸奶机用的，一种是可以在常温下用的。使用的方法也非常简单，加热过的牛奶晾至室温，把酸奶发酵剂放入牛奶中搅拌均匀，再放入酸奶机或者在室温下放进煮沸消毒过的容器里，几个小时之后酸奶就做好了。这种方法做成的酸奶表面光洁，味道纯正，品质更有保证。

如果把酸奶中的乳清过滤掉，应该就是新鲜的奶酪吧。做法也非常简单，需要的工具和材料有：一瓶酸奶，一只玻璃杯，一张滤纸和一个筛子。我会用一只咖啡滤杯，简单易行。

咖啡滤杯放好滤纸，放在玻璃杯上，酸奶倒入咖啡滤杯里，然后放入冰箱冷藏室，等 1 到 2 天即好。

酸奶要选那种比较浓稠的，所以我用了自己做的酸奶。沥出的奶清非常清

亮，看上去有点像白葡萄酒，可以用来代替水做面包，或者直接把它喝掉，味道酸甜清凉，也很营养。酸奶酪的干湿程度可以根据时间长短自己把握。

放一点酸奶酪在口中，让舌尖的运动体验微微的酸、微微的甜，享受浓郁的奶香，细腻滑爽的口感。我想热量不会高吧。

酸奶酪用处极多，最常用的是用它来代替沙拉酱，做蔬菜和水果沙拉。还可以代替奶油奶酪做甜点蛋糕。

另外我再推荐几种吃法，有兴趣可以试试。

酸奶酪土豆泥：新鲜的土豆，细细洗净，轻轻削去嫩皮，切大块，加水煮开，再继续煮 10 分钟左右，沥去水捣成泥，加入酸奶酪拌匀。如果你的口味较重，可以少加一点儿盐和胡椒。煮土豆的时间视情况而定，七八分钟时可用筷子试一下，能扎透即可，不要煮过了头。

西瓜酸奶酪：漂亮的西瓜球，配搭一点儿自己做的酸奶酪，颜色更漂亮，味道也会增加不少。很适合做夏日的甜品，也可以当做晚餐的水果沙拉。即使

怕胖的女孩儿也可以放心大胆地吃。这种方法几乎适用于各种水果。

奶酪小品：自制酸奶乳酪，浇点儿草莓酱，洒一些研碎的坚果。果酱可以随意，只要是自己喜欢的口味。用这个奶酪小品点缀点缀大人的胃口，哄哄可爱的孩子，也算是给酷暑中的大人孩子的奖励吧！

花生酱自己做

麻屋子，红帐子，里边住着个白胖子。打一食物。谜底：花生。

大概不少人，小时候都猜过这个谜语。我从小就长得胖，周围的大人常用这个谜语来拿我开心。所以后来听了这个谜语就心里发虚。尽管如此，还是特别喜欢吃花生，也没少吃。

我的老家地处河北平原，童年的印象里老家是个盛产花生的地方。因为无论亲戚还是老乡，什么时候来太原，都忘不了给我们带些花生，有时候是带着荚壳的，有时候是剥好了的花生仁儿。记忆里有一种颗粒特别饱满，颜色也格外深红，长辈告诉我叫“大红袍”。后来在街上见到卖花生的小贩，以为是河北老乡，上去搭讪，听口音不是山东就是河南，才知道我国花生的盛产地是在黄河中下游一带。

据说花生的故乡在南美洲的巴西和秘鲁，古老的印第安人是它最早的种植者。后来哥伦布发现新大陆，早期的航海家们把花生果从南美带回到西班牙，由于它的美味，很快便传遍欧洲。我国最早有关花生的记载见于明孝宗弘治十五年的《常熟县志》：“三月栽，引蔓不甚长，俗云花落在地，而生子土中，故名。”又有 17 世纪张璐《本经逢原》：“长生果产闽北，花落土中即生，从古无此，近始有之。”这些记述都反映了花生最迟在 16 世纪初已在我国东南沿海普遍种植。再据清代檀萃的《滇海虞衡志 · 卷十》“落花生为南果中第一，……以榨油为上，故自闽及粤，无不食落花生油，且膏之为灯，供夜作。”由此可见花生从传入、食用

再到榨油已是清代的事了。但这个时候种的是小颗粒的品种。有记载要到1848年鸦片战争以后，从日本引进了大粒型的品种，品质好，产量高，迅速在长江及黄河流域大面积播种。

花生是一种营养价值极高的经济作物，蛋白质、矿物质和维生素的含量高于牛肝，脂肪含量高于奶油，所含热量高于糖，主要用于榨食用油。难怪在我的老家又管花生叫“长果”“长生果”，长生不老之果。

花生的深加工除榨油之外，做成花生酱也非常味美可口。

我喜欢在早餐的时候喝一杯牛奶，吃一片面包，再加些果酱、花生酱之类的佐餐。

其实从超市买来的花生酱从品相到质量和味道都挺不错，也有多种口味可选择。有质地特别细腻的，有带颗粒的，还有巧克力味道的。只是我喜欢的那个牌子上明确标明了它里面含有氢化植物油。

对氢化植物油“百度知道”是这样解释的：“氢化植物油也叫反式脂肪酸，是普通植物油在一定温度和压力下加氢催化的产物。因为它不但能延长保质期，还能让糕点更酥脆；同时，由于熔点高，室温下能保持固体形状，因此广泛用于食品加工。最近研究表明，反式脂肪酸对人体的危害比饱和脂肪酸更大。膳食中的反式脂肪酸每增加2%，人们患心脑血管疾病的风险就会上升25%。还有实验发现，反式脂肪酸可能会引发老年痴呆症。我国对氢化植物油的使用尚无明确标准。如果在配料表上注有‘氢化植物油’‘植物奶油’‘起酥油’等字样，就意味着食品中含有反式脂肪酸。另外，咖啡伴侣的主要配料‘植脂末’也是‘氢化植物油’。”

所以我选择放弃，选择自己动手，做自己的花生酱。

我每次都不会做太多，主要的材料花生米200克，用凉水浸泡去掉红衣，加少量油在炒锅中炒熟。其他的配料有100克细砂糖，1茶勺盐，橄榄油或芝麻油适量。

炒熟的花生米加糖、盐用搅拌机打碎，打碎的花生加入芝麻油拌匀，放进干净的玻璃瓶内存放。

炸花生米时只要搁少量的油，油和花生米要同时下锅，用小火，不断翻炒至熟。注意不能欠火，火候恰当味儿才会香。

花生米可以分成两份，一份打碎，一份打成颗粒状，再搅拌均匀，可以做出颗粒花生酱的效果。

我觉得这个量刚刚好，不必做太多，还是常吃常新比较好。

面包伴侣柠檬酱

小时候学过几天绘画，知道有一种颜色叫作柠檬黄，非常明艳鲜亮的黄色，也知道了世上有一种叫作柠檬的水果，但见到真实的柠檬已经是很久以后的事了。

大同当年出差，去当地一个朋友的花窖里参观，生平第一次见到柠檬和柠檬树。当时已是深秋天气，黄昏时分，花窖里的灯还坏了，他看见了那株柠檬树，用他的话说是薄暮之中柠檬树上挂着的几枚黄灿灿的果实晃了他的眼。当时他把一枚柠檬捧在手心，欣赏把玩，朋友居然就慷慨地把这棵柠檬送给了大同。所以他那次出差，带回来的不只是一个柠檬果，还有一棵柠檬树，一株栽在花盆里的三尺多高的柠檬树。

柠檬的酸味浓烈，作为水果不适合直接鲜食，但常常用于烹调，洋人做饭的时候喜欢用它。可鲜可干可腌。从皮的碎屑到果实榨成的鲜汁。当烹饪用的调味，到烘焙用的配料……几乎无处不在，无所不能。

现在柠檬成了我们家冰箱里一年四季都有的水果。每天早上起床后的第一杯柠檬水，是用柠檬蜜冲泡的，柠檬蜜多数时候还要扮演调味的角色。柠檬榨汁是烘焙常用的材料，做柠香手撕包、柠檬饼干、各种柠檬水果蛋糕都要用到。柠檬皮更是有点石成金的作用，面包里只要加入一撮，吃起来就会有柠檬的香气。我把柠檬皮的碎屑放进砂糖里，就会得到一罐的柠檬砂糖，和香草砂糖一样是我烹饪和烘焙不可缺的材料。

最让我喜欢的是取柠檬皮屑和切开柠檬果实的时候，柠檬清香的气息会扑

面而来。取柠檬皮并不是像通常削水果皮那样用水果刀，也不是像桔子皮直接用手剥，而是要用一把专用的柠檬刨，只取柠檬皮最表层黄色的碎屑，如果带了下面白颜色的部分味道就会发苦。

柠檬酱是用柠檬和黄油做的一种凝乳状的食品，据喜欢烘焙的网友说是西点中常见的酱料。我做过多次，有点类似果酱，因为用了黄油，所以又像是凝脂。有很鲜很浓的柠檬味道，口味酸甜，和西式甜点的派或挞是绝配。抹在面包上吃，也非常爽。

选择大个儿的柠檬 2 个，其他配料有 2 个鸡蛋，160 克砂糖，120 克黄油，1 匙玉米淀粉，1 个广口玻璃瓶用沸水煮过消毒。

柠檬洗净晾干后先用柠檬刨取柠檬皮屑，然后把柠檬果榨汁。

做法非常简单，先把鸡蛋在一个平底锅中打散，加入砂糖、柠檬皮屑、柠檬汁、黄油、玉米淀粉搅拌均匀后在火上边加热，边搅拌，大约 7–9 分钟后等所有的材料融化变浓稠后关火。做好的柠檬酱晾至不烫手的时候就可以放入消过毒的广口瓶中，加盖，彻底晾凉后放入冰箱冷藏保存。

大个儿的柠檬 2 个，小个儿的可以用 3 个。玉米淀粉可以适当多一些，我自己理解玉米淀粉可以起到稳定剂的作用，可以使成品看上去质地细腻均匀，事先要一次加足，拌匀。做好的柠檬酱冰箱冷藏可保存两个星期，打开之后还是要尽快吃完比较好。

烘焙

读村上春树的短篇小说和我烤的奶酪蛋糕

蛋糕一直让我的老公大同困惑。他不喜欢满街卖的那种通常生日吃的蛋糕，表面抹着厚的黏糊糊的东西，里面的蛋糕也过于松软。他常常表示渴望那种扎实的，有许多坚果的，表面并不涂抹装饰的、朴素的蛋糕。可是在这里他见不到，所以他常常追问，为什么、为什么只有这种生日蛋糕⁉

蛋糕肯定有许多种，我们这个内陆的单调小城只有一种，这是他的小不幸。

后来才知道，其实20世纪70年代以前的日本也和我们这座小城一样只有“用白色奶油做华丽装饰的圆形蛋糕”，然后随着经济的发展，蛋糕的品种才渐渐变得丰富起来。而现实生活真的就是这样，我们这里也悄悄出现了乳酪蛋糕。经济发展与社会生活的轨迹竟如此相似。

《我的呈奶酪蛋糕形状的贫穷》是日本作家村上春树早期的短篇小说，写了一对贫穷而快乐的年轻夫妇20世纪70年代初的新婚生活。乍看小说的题目，真不知道奶酪蛋糕和贫穷有什么关系。

小说开篇写道：“我们都管那个地方叫‘三角地带’。此外我琢磨不出如何称呼是好。因为那的的确确是个三角形，画上画的一般。我和她就住在那个地方，一九七三年或七四年的事了。虽说是‘三角地带’，可你不要想成是所谓的delta(希腊语：三角洲，三角形的)形状。我们住的‘三角地带’细细长长，状如楔子。若说得再具体点，请你首先想象出一个正常尺寸的圆圆的奶酪蛋糕，再用厨刀将它均匀地切成十二份，也就是切成有十二道格的钟表盘那个样子。其结果，当然出现十二块尖角为三十度的蛋糕。那顶端尖尖的、细细长长的蛋糕片就是我们‘三角地带’的准确形状。”

其实在读过小说之后我也不大明白村上为什么在说到“三角地带”的时候想到的是均匀切成十二等份的奶酪蛋糕。读过新井一二三的《一九七十年代的奶酪蛋糕》才知道奶酪蛋糕在70年代的日本已经不是纯粹的食品名称，而是时尚的符号。

新井的文章是这样写的：“只要是亲身经历过1970年代日本社会的人，我相信都对奶酪蛋糕的形状有非常清楚而深刻的印象。因为那是我们平生第一次吃的，不带甜蜜奶油的蛋糕。……直到1960年代，在日本，蛋糕是一年里只吃得到两次(生日和圣诞节)的奢侈食品。对当年的小孩来说，用白色奶油做华丽装饰的圆形蛋糕，不仅看起来像迪斯尼卡通片里灰姑娘去参加舞会的宫殿，而且那甜甜蜜蜜油油腻腻的味道本身就是富裕美国的象征。然后，1970年代初，市场上忽然出现了奶酪蛋糕这东西，使得日本人的蛋糕观发生哥白尼式转变。……奶酪蛋糕不是住宅区的面包店卖给小孩的，而是都会繁华区的咖啡厅为年轻时髦分子推出的。从一开始，它神秘地有‘生的奶酪蛋糕’(rare cheese

cake) 和‘烤的奶酪蛋糕’(baked cheese cake) 两种，令人摸不着头脑，但也不敢在别人面前承认，免得被人认为是没有文化的土包子。在日本，它是时尚杂志的宣传推动了消费市场的第一样甜品。跟着它，八十年代流行意大利甜品 tiramisu，九十年代菲律宾点心 nata de coco 和葡萄牙蛋挞受宠，本世纪初则出现美式肉桂卷热、港式芒果布丁潮。其次，奶酪蛋糕的味道，重点不在于甜而在于酸和浓。之前的日本人只吃过豆沙糕等甜点心和盐煎饼等咸点心，对于奶酪的味道几乎完全陌生。战后曾吃美国救济食品维持过生命的一代，毕生忘不了当年对恰似肥皂的奶酪感到恐惧，自然没有参加七十年代的奶酪蛋糕热。当年二十几岁的婴儿潮一代，是对奶酪蛋糕没有忌讳的第一代日本人，1949 年出生的村上夫妇正属于这世代。”

我是从 2005 年底烘焙之初才知道世界上有一种蛋糕叫做奶酪蛋糕，简而言之就是加入了奶油乳酪(craem cheese) 的蛋糕，如果再细说起来，又不是一句话几个字就能讲明白。

当时刚刚进入梅子的咖啡论坛，坛子里正兴起乳酪蛋糕的热潮，我对一种被称作“日式轻乳酪蛋糕”的甜点很有兴致。所谓“轻”就是说蛋糕中奶油乳酪的分量相对较少，日式我想是相对美式的纽约乳酪蛋糕而言吧。当年日本在接受西式点心时为了考虑国人的习惯和口味也是做了些许改良的，就像加了汤种的面包。

2006年在太原的好利来和沃尔玛超市看到过有轻乳酪蛋糕卖，椭圆形状，无任何装饰，摆在一堆有着华丽外表的生日蛋糕和红红绿绿的水果慕斯中间实在是很不起眼，再加上它的价格并不比别的蛋糕便宜多少，那种浓重又略酸的奶酪本身的味道也不大让人接受，所以很快就不见了踪影。我只来得及买过两次，第一次是想和自己烤的轻乳酪蛋糕从味道和口感上做一个比较，第二次是在妈妈过生日时让家人换一换口味，也接受一下时尚的熏陶。当第三次想买的时候它就像悄悄地出现一样，已经悄悄地消失了，就像那首著名的诗“悄悄的我走了／正如我悄悄的来／我挥一挥衣袖／不带走一片云彩”。毕竟是内地单调小城，市场总是太小，企图把我们这座小城一步带进日本七十年代的雄心就这样以失败告终。

时间又过去几年，乳酪蛋糕重新登场亮相。这次不仅仅是简单的日式的轻乳酪，而以全新相貌出现的乳酪蛋糕，已经加入了中国式的改良因素。

“本来圆形的蛋糕，沿着六条放射线切成十二等分的细长楔形，视觉上产生令人焦虑的不稳定美感。因为切得特别细，它的相对高度被强调，结果造成悬崖一般的印象。——长话短说，奶酪蛋糕的味道和形状，在日本饮食风俗史上，可以说是1970年代初期的代表。”(新井一二三)

想想我们听说奶酪蛋糕虽然迟了几十年，却一股脑儿就知道了各式甜点的名称，可以品尝多道甜点的味道，像我这样的烘焙爱好者，不只是知道意大利提拉米苏，葡萄牙蛋挞，美国肉桂卷、巧克力布朗尼，法国舒芙蕾、马卡龙等等这些甜点的名字，而且有些自己还动手依葫芦画瓢地做过，那种感觉就像是站在了巨人的肩膀上。

现在，大同已经不用抱怨，好歹我在努力地满足他，努力烘焙那些扎实的、有许多果仁的、表面没有装饰的蛋糕给他解馋。

一路走来的 Ciabatta
夏巴塔拖鞋面包

我没有国外生活的经验，真正的土著。只是在退休那年有机会去欧洲走了十来天。所以说起烘焙，说起面包，尤其是欧式面包，真的没有什么底气，肯定有极幼稚的地方，让方家见笑。

在我的印象里，面包在欧洲应该算是主食，就像我们的烧饼、馒头一样，比如我们最常见的法国棍子面包。而我们在烘焙店里常见到的品种多是些和风面包，其实是把面包从朴素的主食改造成了花式点心。

台湾有一个面包师傅吴宝春在 2008 年法国路易乐斯福面包大赛中获得亚洲区冠军，2010 年更在面包大师赛中获得冠军。吴师傅 2008 年在自由发挥的花式面包比赛中获奖的是酒酿桂圆面包，使用了传统烟熏桂圆和法国红酒。2010年获奖的是荔枝玫瑰面包。比赛规定了参赛面包的味道偏咸或者无味道，不可以是甜味的，但可以在面包里加入甜味的水果，还规定了面包表皮酥脆较硬。2010年吴师傅的两个徒弟自立门户开店经营，吴师傅建议徒弟，台湾消费者都比较喜欢吃软面包，不能只卖获奖的硬皮面包，开店背负了数百万元的开店基金，稍有闪失，可能就赔了。可见在台湾也多是软面包的市场，即使是已经有许多变化的欧洲花式面包市场依然很小。在吴师傅的店里，欧式面包玫瑰情人的原料内容有——面粉、亚麻子、蔓越莓干、核桃仁、玫瑰花瓣、龙眼蜜，已经是好吃适口的点心一般了。

这些年，我在家里烤的多是朴素的主食面包，真正拿来当干粮吃的。从第一个所谓的北海道汤种吐司到后来的夏巴塔拖鞋面包，面包的口味越来越单纯，只剩下了面粉、酵母，盐和水。

在我们家里最受欢迎的是Ciabatta夏巴塔拖鞋面包。

欧包圣经《学徒面包师》里这样描述Ciabatta拖鞋面包："这款面包有着大大的气孔和不规则的形状，过去的50年中在意大利久负盛名，现在又像风暴一样向美国袭来。它来自古老的乡村，由松弛的面团制作而成，直到20世纪中叶才得名夏巴塔。这个名字是意大利北部科莫湖地区的一位面包商起的，通过观察，他发现这种面包特别像该地区舞者所穿的一种拖鞋，因此将这种面包命名为'科莫湖的拖鞋面包'（意大利语为Ciabatta di Como）。一种全新的传统就此诞生，在20世纪的后半叶，这种夏巴塔面包成为整个意大利的非官方国家面包，它代表了意大利乡村面包的劲道和乡土美味。"

拖鞋面包，湿润松软的组织，筋道皮实的表皮，朴实自然的味道，健康简单的成分，这几年，渐渐成了我家早餐的主力面包。

从2008年开始尝试着烤拖鞋面包。记得当时，大同还从北京新光天地北面的那个意大利美食广场给我背回来一个，想让我见识见识正宗的拖鞋面包。告诉我那里可是有真的洋厨子。现在那个意大利美食广场已经关张。只是拖鞋面包布满漂亮的标志性的孔洞，一直是我想达成的目标。

想想玩烘焙也有些年头了，大多时候就像一个孤独的牧羊人，自己一个人，

闷头烘烤。最好的学习方法就是去一些高人的博客里偷师学艺，所以像我这样在国内的烘焙爱好者，只要选中了老师，照着人家的方法和经验做就是了。网上的老师很多，在美国的“德州农民”是我喜欢的老师之一，另一位老师是“爱和自由”。二位都是新浪博客的著名博主，手艺高超各有侧重。“爱和自由”以烘烤花哨的和风面包为主，国内粉丝众多。“德州农民”多烘欧包，她烤的拖鞋和法棍外壳薄脆，内部组织充满很多很大很不规则的孔洞。虽然两位高手已经是烘焙江湖成名的剑客，但她们并不是专业人士，和我一样烘焙只是她们的业余爱好，也是从自修开始，博客是她们记录和分享的园地。

怎样才能够烤出像德州妹子那样配料简单，却又味道丰富，口感韧性有嚼头的拖鞋面包呢？像碰到一个难解的题，既好奇又充满了挑战。

最初烤的拖鞋面包，像个大饼，皮厚，组织太扎实。完全不得要领。德州妹子说，成功地对付一摊含水量在 80% 以上的又粘湿又脆弱的面糊，不仅要有好的方子，手法经验也很重要，就是温故知新，不断练习。所以又买了《学徒面包师》，书里设有夏巴塔专章。练得最多的就是拖鞋面包。

记得一次向“爱和自由”请教，她说我们用的长帝家用烤箱温度和保温的功能很难达到专业的标准，所以想烤出那样的大洞几乎是不可能，不过可以在烤箱里放一块石板试试。我也就是随便一说，大同却马上去网上查了，还真有烤箱用的石板，不过当时人家还只接外单，一般不零卖，厂家说如果你自己来取可以考虑。但厂子远在广东佛山，只能放弃。巧得是一次在一个博客里留言，说到这回事情，有一位叫作“天使鱼”的网友说她就在广州，让我给她提供厂家的地址和电话，她去联系，可以帮我买一块。于是我就有了第一块烘焙用的石板。

面团里水分多湿度大是拖鞋面包的特点也是难点。水的比例大到 70% 或 85% 甚至 90%，面团几乎就是一团面糊。水分大面包才会产生大的孔洞，但对于操作的人，尤其是新手简直就是噩梦。当然最简单省事的办法就是买一个厨师机，或者利用面包机代替人工和面，省时省力。我看“德州农民”的博客，她在 2009 年 3 月 29 日的博文《Ciabatta(夏巴塔) 面包——显摆我的新欢 KA Pro600》中，第一次正式在她的博客里展示了自己做的拖鞋面包。KA Pro600 是一款厨师机的型号。博主“德州农民”刚刚把一台 KA Pro600 型号的厨师机买回家，第一次使用就做拖鞋，而且选择的配方竟然含水量在 95%，把拖鞋面包的水粉比例推到极致。但是因为有了厨师机的帮助，“德州农民”的拖鞋面包一上手就非常成功，外壳薄而脆，洞洞多到组织的其他部分呈现出了纤维状。

但是用手揉面，感知柔软湿润的面团，对面团有直接的了解，这对一个面包爱好者来说不只是经验的积累，也是非常有乐趣的体验。所以我坚持用手来揉面。其实对付这样粘湿的面团也有技巧，也是在“德州农民”的博客里看到的，就是靠“浸泡”，有点和我们说的“饧面”类似。就是把面粉和水搅拌到没有干粉后，放置 20 到 60 分钟，让面粉和水充分融和产生筋度。当然我揉的面团一般含水量 70%，最多也就 85% 左右。还有一种办法，就是用手在接触面团时可以少蘸一些水，以防粘手。

要说这段时间最大的收获，就是按照书上的配方和做法，可以对付那团越来越软的面团了。每一次把那团颤颤巍巍的大面团送进烤箱的时候，都会有一种期盼，看着面包里越来越多越来越大的孔洞，也会有些小小的自得。

我还是喜欢那句话：“低调的面包，却有着大学问在里头。掌握它的制作精髓，才能了解，它如此受欢迎的理由。”

烤土豆

——土豆的西式做法

学名马铃薯，俗称有很多。我们家习惯把它叫作土豆，据说这是东北人的叫法，真正山西人管它叫“山药蛋”。别看名字叫得土，却是真正的舶来品。家里有一套1986年版的《简明不列颠百科全书》，上面记着关于马铃薯的祖籍“多认为原产于秘鲁—玻利维亚的安第斯山地区。”如果再去百度，已经证实“美国植物学家用先进的基因技术，对300多个野生和种植的马铃薯样品进行研究和分析，于2005年公布了研究成果：世界上所有的马铃薯品种都可追溯到秘鲁南部的一种野生品种。因此可以说，秘鲁是马铃薯的故乡。”

不管它的故乡是哪里，这种可菜可饭的马铃薯——土豆，已经成为全世界人民的营养食物。当年它和红薯、玉米前后脚传播到中国，使贫者有其食，中国人口迅速增长。19世纪中期，因植物病引起的马铃薯歉收，甚至在欧洲的某些地区引起饥荒。

16世纪后半叶，西班牙人把马铃薯带到欧洲，来到中国是100年之后了。但它很快就在一些土地贫瘠的高寒地区普及开来，比如山西。

山西的中北部盛产土豆，山西人叫它山药蛋，山药蛋这种高产作物曾经是当地的主要食物。土豆不仅充实人们的饮食生活，在文化生活中也无处不在，比如在当地的民歌酸曲之中：

山药蛋开花结圪蛋，
圪蛋亲是俺心肝瓣。
半碗黄豆半碗米，
端起了饭碗想起了你。
想你想得迷了窍，
寻柴火掉在了山药蛋窖。
我给哥哥纳鞋帮，
泪点滴在鞋尖上……

还有：

想亲亲想得我手腕腕那个软，
拿起个筷子我端不起个碗，
想亲亲想得我心花花花乱，
煮饺子我下了一锅山药那个蛋……

最有代表性的还是山西现当代的文学创作，赵树理等人被归为一派，叫作“山药蛋派”。

据说马铃薯的种类非常多，在它的故乡南美洲几百年前就已经有很多的品种，到现在当地乡村的市场叫出名字的就有60多个品种。大同和我喜欢看电视里的农业节目，里边介绍马铃薯的，从个头儿到形状就有大大小小、圆形椭圆形之分。从表皮的颜色又有白色、黄色、粉红、红色和紫色的区别。切开来，里面的薯肉又分为白色的、淡黄的、黄色的、紫色的，甚至还有花的，又好看又新奇。我想口感也会大有不同吧。

尽管如此，我实际见过和吃过的种类却很少。儿时吃过的只有两个品种，一种黄皮的，一种紫皮的。到现在我们家胡同口的菜铺子里卖的，大多时候也就一两种。山西人的吃法也简单，最著名的是炒土豆丝，再有就是做大烩菜，里面加些预先炸好的土豆块儿，跟烧肉白菜粉条一起炖。

我相信全世界有那么多的人吃土豆，吃的方法也一定多得很。最近学了一种，在这里演练一下——橄榄油烤土豆。

材料：

土豆适量，去皮，切乒乓球大小的块儿(如果能够买到同样大小的小土豆，最好)；

橄榄油(也可以用黄油，或其他植物油)，大蒜，盐，胡椒，培根切碎，百里香和迷迭香切碎(没有也行)。

做法：

1) 去皮土豆在盐水里浸泡片刻，清水冲净，放入锅内煮8—9成熟；大蒜，盐，胡椒，培根碎和香草拌匀成调味料备用。

2) 煮好的土豆放入筛网或漏勺中沥干，放入烤盘加橄榄油或黄油，放入预热170℃的烤箱里先烤30分钟。

3) 30分钟取出烤盘，用土豆锄或叉子把土豆压成饼形，拌入调味料，再烤至有漂亮的焦黄色即可。压的时候不要太用力，只要稍扁，边缘开裂即可。

羊倌儿的馅饼
——西洋农家菜

有段时间常常会去一个国外的美食网站。上面的每一道菜，每一味甜点，每一种面包，除了有配方的文字，实物的图片，最吸引我的还有制作过程的视频。虽然都是英文，但凭着对美味的好奇和热情，对食谱的一知半解，加上自己扫盲级的英文和“google”的帮助，连猜带蒙，也能明白个十之七八。

这道“shepherd's pie”就是从那里学来的。据说shepherd's pie是个很传统的英式菜，起源英国乡村，有点像我们中国的农家菜。译过来就是“牧羊人派”“农家馅饼”或者是“羊倌儿的馅饼”。

首先它的样子很好看，最上面是一层厚厚的土豆泥，烤得焦黄。下面是混合了蔬菜丁的肉碎。

可以用羊肉或者牛肉来做这道牧羊人派，也可以用猪肉，我做这个最常用的是猪肉馅。蔬菜也都是我们平时常食用的，有洋葱、胡萝卜、芹菜，我想还可以随意发挥，加入自己喜欢的内容，比如切碎的香菇。

材料：

500克土豆，50克碎干酪，1个洋葱切成小丁，2个胡萝卜切成小丁，芹菜梗2根切片，1公斤肉馅，植物油适量。

1汤匙面粉、1汤匙植物油混合成芡汁。

黄油、盐和胡椒、牛奶适量。

做法：

1) 土豆去皮后在盐水中煮熟。

2) 锅中放入少许油，炒洋葱，至柔软变色，取出。

3) 炒胡萝卜和芹菜，炒至自己喜欢的程度，取出。

4) 设置烤箱温度 220℃。

5) 烧热 50 克黄油（我用了植物油），放入肉馅，炒至变色，加入炒好的胡萝卜和芹菜，此时可添加自己喜欢的调味，再加入面粉植物油的芡汁，略煮片刻。盛出放入烤盘摊平。

6) 煮好的土豆压碎成泥，放入炒好的洋葱，适量黄油、奶酪碎、盐、胡椒调拌均匀。如果土豆泥太干可加入适量牛奶搅拌至合适的湿度。

7) 把土豆泥放在烤盘里的肉馅上面，摊平，在表面用叉子划出纹路，刷黄油，放入烤箱，烤 30—40 分钟，表面焦黄即可。

战士饼干
——再折罗一次

说战士饼干的来历之前先说说提拉米苏。喜欢烘焙的人大多知道提拉米苏，一道材料和味道都很丰富的意大利甜点，关于这道甜点的由来有很多种故事，版本之一就是那个很温暖的“带我走”：妻子给即将上战场的丈夫准备干粮，搜罗了家里所有好吃的东西做进了一个甜点里，这就是提拉米苏。据说意大利文的意思就是“带我走”，带走的不只是美味，还有“爱和幸福”。

记得我第一次讲这个故事给大同听，大同马上就说：“这不就是中国的腊八粥嘛，都是一个折罗的故事。”“折罗”，原本的意思就是烩剩饭，把好多吃剩的饭菜折在一起，一锅烩。尤其一般人家逢年过节，请客吃饭，难免会有剩余，倒掉可惜，折罗在一起烩一大锅，会持家的主妇还真能烩出不一般的味道来。折罗后来也引申为把杂七杂八的东西混合在一起。

从折罗食材讲，中国的腊八粥和意大利的提拉米苏还真有共同之处，但从背后的故事看好像又差得远了些，提拉米苏表现爱的温馨，腊八粥却包含了教化的寓意，那个因好吃懒做而遭遇报应的故事让人听了有点儿不寒而栗。

这个来自澳洲的战士饼干又有什么样的故事?

从字面看这个源自澳洲的饼干也跟战争有关。“一战”时，同属英联邦的澳大利亚和新西兰的联合军团前往欧洲战场，征途遥远又要漂洋过海，澳大利亚和新西兰的妇女们选用防潮耐放又富营养的食材，烤制得又干又硬，作为战士们的干粮，这就是“战士饼干”。所以这个饼干里除了黄油、蜂蜜和糖浆，没有用到鸡蛋、牛奶这类的湿性材料。干的食材丰富多样，主要有低糖高营养高能量的燕麦，还有澳洲特产的坚果。因为烤制得非常干硬，便于携带，极适合战争期间食用。虽是军粮，味道却一点也不差。以前只听说有八路军的炒面，美国大兵的压缩饼干，哪里知道还有这么好吃的战士饼干。所以战争结束多年，战士饼干却流行至今。

故事和饼干的配方，都来自搜狐一个名字叫作“跟着我你会迷路”的博客。博主应该是一位生活学习在澳洲的中国女孩子。博客里有很多美食和美妙的图片，想象中的博客主人应该也是一个漂亮的人儿吧。当然是不是美女并不重要，关键是对待生活的态度，这是一位认真学习和生活着的女孩儿。

那个提拉米苏因为材料的原因至今还没有做过，这个饼干和折罗又有什么关系呢? 其实这只是我个人的一点体会而已。因为饼干的食材丰富而多样，且不拘泥，所以在准备材料的时候，除了必有燕麦和澳洲坚果，我把冬天时候囤积的一些烘焙材料几乎一扫殆尽。烘焙爱好者们都有一个毛病，看到只要是可用于烘焙的材料就要买来，有些用不了很多，有些也许根本就用不着，囤积在那里，过一个夏天，不是生了虫子，就是有些高油脂的味道会哈喇，到时留也不是、扔又太浪费太可惜。

这个饼干可以多烤一些，因为它很耐存放，据说最长可以保存半年之久。如果你能像我一样慢慢吃到饼干回软，会吃到它的另一种风味。所以，在夏季酷暑到来之前，把一冬积存剩余的烘焙食材折在一起，烤一个这样的饼干，也是既经济又有趣的活动。

我把原本的配方抄录如下，括号里是我自己的做法，因为原来方子的重量太零碎，我取零补整，总的重量没变。

材料：

1）黄糖 50—60 克（可用白砂糖，也可以用红糖）。

2）干椰丝 32 克，菠萝干 22 克（可选）。

3）普通面粉 75 克，燕麦 55 克（我多用了一些）。

4）澳洲坚果也叫夏威夷果、夏果，适量（烤过后切碎，我还加了杏仁、花生、核桃、开心果等）。

5）水 15 毫升，糖浆 1 汤匙（也可以用蜂蜜），黄油 62 克，小苏打 1/2 茶匙。

做法：

1）取一稍大些的盆，将配方中的 1—4 混合并稍稍搅拌均匀，待用。

2）将黄油、糖浆置于一小锅中，中火加热至黄油完全融化（中间注意要搅拌一下）。

3）待黄油全部融化时，将锅离火并加入小苏打和水。

4）然后立即将油糖液体倒入 1 中，并用刮刀或木匙搅拌均匀。

5）烤箱预热 180℃，烤盘抹油防粘，取 4 中的料分别揉成小球再压成圆形，置于烤盘，烤 15—20 分钟。

提示：

做好的饼干料如果太湿，就需要在室温下放置片刻（放冰箱更快些），待其变得稍硬可揉成形时才可用。

置于烤盘上时，饼干和饼干之间要多留些空隙，这款饼干在烘焙的过程中会长大很多。

这款饼干的烘焙时间可控制在 15—20 分钟之间，烤 18 分钟的口感是柔软粘着的，烤 20 分钟的则是传统口感（很干很硬），当然也要视自家的烤箱而定。

非常耐放的饼干。我烤了一次吃了很久，以至于最后的饼干都回软了，回软的饼干吃起来味道更好。

酸奶油小饼干

——山寨酸奶油

做酸奶油小饼干也是为了说一下酸奶油的做法和用法。

好多配方中需要用到酸奶油，尤其是做乳酪蛋糕，我们这里却很难买到。酸奶油的做法其实很简单，就像酸奶是发酵的牛奶，酸奶油就是发酵的奶油。用做酸奶的方法就可以做酸奶油。

取 350 毫升淡奶油，50 克酸奶。淡奶油和酸奶混合均匀，室温下放置 8–12 小时至完全凝固，转移至冰箱冷藏室内，可保存一周左右。

还有一种更快捷简单的方法，做出的酸奶油虽然不能算正宗，但是味道也不差，用起来很方便。

只需要 200 毫升淡奶油和一个中等大小的新鲜柠檬，鲜柠檬榨汁。再准备 1 个干净的玻璃瓶子，倒入淡奶油，加入柠檬汁搅拌均匀，室温放置 30 分钟，淡奶油会变得浓稠，这时酸奶油就做好了，放入冰箱保存，需要时取用。

用这种方法做的酸奶油味道也不错，价格便宜好多。但是一次不要做太多，如此简单易行，可以随用随做。

无论哪种方法做的酸奶油不只可以用来做甜点，还可以做沙拉的酱料，早餐时用来做面包伴侣也很好。

柠檬汁一定要用鲜榨的，不能选用瓶装的柠檬汁。

有了酸奶油再做这个小饼干可以说易如反掌。即使没有专门的工具，吃饭的筷子勺子总是有的吧。没有低筋面粉，一般的普通面粉也可以。没有大烤箱，小个儿烤箱也行。简单的材料包括黄油、酸奶油、糖和面粉。容易操作就是全部材料放在一起搅拌均匀成糊状，用勺子舀放在涂油的烤盘上烤就好。

材料：

50 克黄油室温融化，酸奶油 45 克，糖 35 克，面粉 50 克。

做法：

1）烤箱预热 120℃，烤盘涂油防粘或铺烘焙纸。

2）所有材料拌匀成糊状，装入裱花袋中挤在烤盘上，或者用勺子舀放在烤盘上，之间留出适当距离。

3）烤 30 分钟，注意观察，上色即可。

提示：

配方中的酸奶油也可换成同等分量的原味酸奶。

可使用低筋面粉也可使用普通面粉。

也可在面糊中加入椰丝或坚果粒以获得不同风味。要用低温烘烤，勤观察，时间还要视自己的烤箱来定。

法式甜点舒芙蕾 Souffle

如果你有兴趣上网去查，网上关于“舒芙蕾”的词条读来让人觉得有趣。还少有用那么激烈激情的语言来描述一道甜食的，见仁见智。

据说法文 Souffle 是“吹气”的意思，松松软软如云朵般轻盈，吃起来入口即化的感觉也非常美妙。还有就是这款甜点在烘烤的过程中一直在缓慢地爬升，但一出烤箱就会在很短的时间里坍塌，失去原本漂亮的外形，好似梦幻般稍纵即逝。所以要现点现做。

其实不过就是一道甜点而已，我自己倒觉得它更像是浪漫的法国大厨师的戏谑之作。一款迷你型的戚风蛋糕，更精巧，更湿润，更娇嫩，更轻盈。味道甜美，口感绵软，入口即化。吃和做的过程都充满着一种游戏般的乐趣。

烤舒芙蕾最好有专门的烤盅。我用的烤盅是去北京时，在宜家正好看到有这样的小瓷杯，感觉和网上的舒芙蕾的烤盅长得差不多，就挑了4个最小号的。咖啡论坛里的烘焙高手说这还不算是专门的舒芙蕾的烤盅，真正的烤盅应该是直上直下的，更适合舒芙蕾的爬升。不过 Taste 这个网站里的舒芙蕾烤杯倒不拘泥，也有用类似茶杯样式或喇叭形状的杯子来烘烤舒芙蕾的。

整个烘烤的过程中舒芙蕾都在我欣喜的目光注视下，用缓慢慵懒的姿态爬升。所以中文也有译作“蛋奶酥”的，倒是跟这道甜点摇摇摆摆的体态很相符合。

我已经说过：舒芙蕾，吃和做的过程都充满着游戏般的趣味。真正让我乐此不疲，烘烤过多次。每次都用了不同的配方。

以原味舒芙蕾为例，需要的材料：1个蛋黄，3个蛋白，120克牛奶，1小勺朗姆酒(可选)，50克低筋面粉，20克无盐奶油和60克细砂糖。先在烤盅内涂黄油、洒糖粉做防粘处理，同时烤箱预热190℃。

蛋黄加牛奶、郎姆酒，用打蛋器拌匀，再加入过筛的低粉。无盐黄油隔水融化，趁热加入面糊拌匀。细砂糖分三次加入蛋白中，打至九分发。先取出1/3蛋霜与面糊拌匀，再倒入剩余的蛋白霜拌匀。将面糊倒入烤盅内九分满，入烤箱中层，25分钟左右。出炉后洒糖粉，即刻食用。

做过的几个配方味道都不错，不加面粉口感更轻盈，但是因为不含面粉非常容易塌陷，几乎一打开烤箱门就开始塌了。这款原味舒芙蕾稍加一点点面粉，起码可以支撑到端上餐桌为止。

巧克力布朗尼
——记下大师的配方

巧克力是自己从小就喜欢的。小小一块在嘴里慢慢融化，带来的愉悦久久不散。小时候只知道巧克力是一种变化多端的糖果，加了牛奶的牛奶巧克力，加了坚果的果仁巧克力，还有酒心巧克力、白巧克力，细细品味时充满好奇和期待。随着年龄和阅历的增长，如今最喜欢的巧克力只剩那种色深微苦，更本色更纯粹的黑巧克力了。

有些年了，在去妈妈家的路上发现新开了一家专卖巧克力的小店。一间门脸儿，门头上挂着“经典巧克力”的招牌。店主是位温婉的少妇，淡定从容。店

里琳琅满目摆满各种进口货色，从手工制作的精巧花式巧克力，到比利时的大众品牌克特多金象巧克力，还真正让我多少有一点惊喜。记得那天我们买了几块 100 克的克特多金象黑巧。走出店门，大同说不知道这个店能维持多久。但是直到今天那家小店依然还在那里。喜欢经典巧克力的人多得超出了大同的想象。

学习了烘焙，知道只要自己动手，一块巧克力带给自己的喜悦便可以让更多的人来分享。所以把黑巧克力放在蛋糕里，也是让我非常喜欢的烘焙活动之一。

巧克力蛋糕里自己做起来比较顺手的，是巧克力 Brownie。Brownie 是棕色的意思，中国一般按照读音译作布朗尼。今天，在很多烘焙店里都能看到分切出售的巧克力布朗尼。

巧克力布朗尼是一道以巧克力为主调，加黄油、鸡蛋、砂糖和坚果核桃仁烤

制的甜点，因为它深棕的颜色而得名。布朗尼的名声和提拉米苏(Tiramisu)，还有那个有着很长名字的意大利小松饼(住在意大利史特蕾莎的玛格丽特小姐）一样令国内的烘焙爱好者耳熟能详。操作起来像意大利小松饼一样简单，使用的材料又比提拉米苏更简洁、更普通、更便宜，比起时尚的法式甜点马卡龙(Macaron)，布朗尼甜味适度，大约更适合中国人的口味，也更适合家庭制作。

不用分蛋法，也就不存在打发蛋白的问题。这种蛋糕，在材料上增减一些也没太大的关系。对面粉的要求也不是很严格，没有烤蛋糕专用的低筋面粉也

可以换用别的面粉，比较传统的做法是加核桃仁，但换成别的坚果也可以，还可以加入耐烤的巧克力豆。凭着非常有限的烘焙阅历，我认为巧克力布朗尼也是最适合新手学习入门的。

巧克力布朗尼操作起来比较简便省时。是作为家庭烘焙的必修之作，因为它对材料和做法的要求不是十分严格，所以它的配方也有好多种，做法也多多少少有些差别。

自从学习烘焙之后，到朋友家里作客，有时也会烤一个布朗尼带去。

这个有小马图案的巧克力布朗尼是送给一对年轻人的。这两年里，他们的恋爱终修正果。接下来是新婚燕尔，乔迁新居，就连马年的马宝宝也如愿到来，真是好事连连，可喜可贺。所以特地做一个巧克力布朗尼送他们，表示我们和他们一样的喜悦之情。大同童心大发，让我在蛋糕上加了一个小萌马的图案来

做装饰。

小马布朗尼的配方来自网络，据说是某大师的典藏。烘焙与烹饪同理，要想做出好的菜品一定要先选好的食材。要烤出好的布朗尼，材料的品质当然很重要。巧克力一定要选可可脂含量在 70% 以上的黑巧克力。黄油的品质要高、鸡蛋一定要新鲜就更不要说了。经过自己的实践，这款布朗尼果真不一般，与原先烤过的差别还是蛮大的。所以记下这个配方，与同好分享。

我自己为了在表面做装饰，用了比较平整的蛋糕背面，先浇巧克力酱，然后隔图版洒糖粉。如果在气温高的情况下糖粉会很快融化掉，图案就会变模糊。所以也可以把糖粉直接洒在蛋糕上。

材料：

以10寸方形活底模为例，黄油250克，黑巧克力140克，砂糖120克，鸡蛋4个，低筋面粉120克，核桃仁150克。

做法：

1) 先把核桃仁放150度烤箱里烘焙约10分钟左右，取出晾凉改成小块。

2) 方形蛋糕模铺烘焙纸，备用。

3) 黑巧克力放入容器中隔水融化。

4) 鸡蛋加入一半的砂糖打至颜色变浅，体积变大，糖完全融化。

5) 室温软化后的黄油加入另一半的砂糖，打发至颜色发白体积变大。

6) 把融化的巧克力分次加入黄油中，搅拌均匀，再分次加入鸡蛋液拌匀。

7) 筛入低筋面粉，用刮刀切拌均匀，加入核桃碎拌匀。

8) 将蛋糕糊装入蛋糕模内，刮平表面。

9) 放入预热175℃的烤箱，烘烤25—30分钟。取出晾凉。

英式布鲁姆面包

布鲁姆面包(Bloomer),“开花”的面包。

朋友给我推荐了这个视频——《保罗教你做面包》。开篇第一课就是这个“布鲁姆”。主持人保罗讲他的老爸就是一位面包师，从小耳濡目染，13 岁开始自己动手做面包。这款“布鲁姆”就是他的入门级面包之一。他说学会这个基础款再做其他面包便水到渠成。

以我有限的烤面包和吃面包的经验，感觉这款面包的味道和口感不输给意式的拖鞋面包，它的做法操作起来却容易很多。不需要预先做酵头，只要时间允许，揉面、两次发酵、烘烤，一气呵成。面包吃完又来不及做酵头的时候，我就直接做个“布鲁姆”。

“布鲁姆”的样子朴素敦厚，切开来它的内里紧凑扎实，跟一般的欧包没有太大的差别，不像拖鞋面包有那些大大小小随意又漂亮的孔洞。吃不完的面包我还是习惯放进冰箱冷藏，“拖鞋”很快就会变硬，一定要加热一下才能松软。这款“布鲁姆”倒是在冰箱放个三天五天依然弹性十足，凉着吃起来仍旧松软焦香。

所以我特别建议喜欢欧包的朋友一定要试试这款英式的、保罗版的布鲁姆面包。

原料有高筋面粉 500 克，酵母 7 克，盐 10 克，橄榄油(40 毫升，约 32 克)，320 毫升冷水。

油一定要有，即使不用橄榄油也要用大豆油或者玉米油这类的植物油。这是保罗版“布鲁姆”成为经典的诀窍，它能够延长面包的存放时间，并保证其口感。

320 毫升冷水，如果有条件，用冰水效果更好。用冰水让酵母慢慢生长，会大大改善面包的口感和味道。

全部材料混合，揉成柔软光滑的面团。室温第一次发酵，过程大约 2 个小时或者到面团体积增大至少一倍。拍打面团挤出空气，把面团压扁成长方形，往自己身体的方向折卷成长圆形，开始第二次发酵，直到面团成两倍大小。二次发酵好的面团表面喷少许水，洒干面粉，划痕。预热烤箱 220℃，烘烤 25—30 分钟，或视自家烤箱而定。

如果有石板，预热 40—60 分钟，烘烤效果会更好些。没有石板也没关系。具体做法有兴趣的朋友可以去看《保罗教你做面包》的视频。

“Bloomer”，开花的面包。

法式乡村面包

这个面包在中国轻工业出版社的《法国蓝带面包制作基础》一书里称作——法式乡村面包。这个面包是最近烤得比较满意的面包，割包的裂口真有点儿漂亮。有些小得意，晒在这里。

我想还是因为用了好配方吧，配方来自这本《法国蓝带面包制作基础》。其实材料很简单，只有面粉、水、酵母和盐，自然几种成分之间的比例很重要。除了有好的配方，毕竟也有了多年的些许经验。这些年来，出于兴趣，一直纠结在面包蛋糕的烘焙上面，尤其是所谓欧式面包。因为年龄阅历诸多原因，这个所谓的欧包对于我真有点盲人摸象的意思。

俗话说，兴趣是最好的老师。烤了一段时间面包以后，就对烘焙书图片上那些面包的各种裂纹有了好奇，用一根筷子穿一片双面剃须刀，照葫芦画瓢舞弄起来。面团上割开的刀口，出炉以后只是在浑圆的面包上留下了几道浅浅的疤痕而已。看着这几道浅浅的疤痕，心中便有许多不甘。

工欲善其事，必先利其器。想是自己的刀不行，于是去网上淘一把好刀，也不知道这刀叫什么，很是费了一番周折，找到了一把法国 MATFER 的面包整形刀。后来，有朋友从日本回来，送给我一把日本贝印的面包整形刀。但是，割包的技艺也并没有什么明显的改善。

在准备烘烤的面团上用刀划出或深或浅的切口，叫“割包”。割包的作用不仅是为了好看，主要是用来释放烘焙过程中面团内部因发酵产生的张力，控制面包胀裂的形状和位置。割包产生的表皮裂纹时而工整，时而粗犷，成为面包极好的装饰。

我割包割到今天，法国刀、日本刀都已经放到一边，用得最称手的是家里一把广州产双狮窄刃菜刀，这只法式乡村面包的裂纹就是这把菜刀的作品。

一刀下去，面包的龟裂我依旧没有很大把握，所以每次都充满了悬念和期待。这大概也是烘焙带给我的乐趣吧。

潘妮托尼面包

第一次看《面包坊——65℃汤种面包》的时候，就看中了这款潘妮托尼面包。纸杯里的它外观像蛋糕，却是用酵母发酵。和用泡打粉的蛋糕相比，我更喜欢用酵母的面包。

这个欧洲圣诞节时的传统食品，源自意大利的米兰，是米兰的象征之一。有圆形的，八角形的，以华丽的味道而自诩。潘妮托尼在意大利叫“pan di Toni”，是“托尼的面包”的意思。据说是一位叫托尼的烘焙师发明的。有关传说的版本很多：一说米兰一个贵族的儿子爱上了家境贫困的面包师的女儿；另一说是一位叫托尼的烘焙师虽然出身卑微但是爱上了一位富商的女儿。总之是承载着美丽心意的面包，里面丰富的坚果和各种水果蜜饯承载着烘焙师满满的爱

意。

这款圣诞面包最传统的做法是用天然酵母进行发酵，同时加入少量的人工酵母缩短发酵时间，经过长时间发酵后再放进柠檬或橙子，葡萄干等干果蜜饯制作而成。面包的制作时间长，但保质期也长，是欧洲过节时的首选面包。至于我做的潘妮托尼是不是正宗就不必讨论，只要好吃才是真的。

做这个面包我用的就是《面包坊——65℃汤种面包》里的方子。

烤好的面包我放入密封的盒子里，静置几天之后才吃，口感和味道都介于面包和蛋糕之间，真的是非常好吃。

玉米面包

最近在学习烤玉米面包，并不是纯玉米面，只是一种加了三分之一左右玉米面粉的面包。据说这种面包是北美的传统面包。

最早是从动画片《米老鼠》里看到了米老鼠和唐老鸭大啃玉米棒子，那位爱发脾气的唐老鸭还做了爆米花。我们生活中爆米花一直都有的，就是在最萧条

的“文革”期间，街头巷尾依旧还能见到爆米花的小贩，一只小火炉，一只黑黢黢的铸铁压力锅，几个兴奋的孩子，然后就能听到“砰”的一大声爆裂玉米的声音。改革开放以后，街头有了不需要压力、只需加热就可以爆裂的玉米。原先以为这种玉米粒儿是经过了工业化的特殊处理，后来才知道这是一种自然生长的爆裂玉米品种，颗粒又小又硬，天生遇热就会爆裂。

家里有一本书，书名就叫《造洋饭书》，清末出版，是当时的外国传教士们为了培训当地仆役而特意编写的。书的最后，就是介绍怎样存放嫩玉米：“把嫩玉米棒子煮个半熟，用刀小心地割下玉米粒，晒干，放入干净的口袋，挂于干燥处，留待冬天吃。”还特别提醒，下雨的天气，留心查看，潮湿即晒一晒，以免生虫。洋人喜欢吃嫩玉米由来已久，现在一年四季都有嫩玉米棒子卖，已经不用再晒一口袋干玉米粒留着冬天吃了。

西半球是玉米的发源地，在美国的五大湖以南有一大片肥沃的土地，地势平坦，土层深厚，适合种植玉米，是世界上面积最大、产量最高的玉米产区，被称作玉米带。

明清时期玉米和番薯、马铃薯等农作物引入我国，这些作物高产，易栽培，有营养，导致国内人口爆长。《本草纲目》中也有“玉蜀黍种出西土”的记载。

还是说说我烤的玉米面包吧。这个面包烤了很多次，配方来自博客《德州农民的热灶台》，这个德州可不是山东的德州，是美国的那个德克萨斯州。德州妹子是网上欧包的名博主，烤的这个玉米面包英文写作“Anadama”。虽说参考了这个方子，也很认真地照着步骤来做，我的这个面包却不是真正的Anadama，首先因为没有糖蜜(Molasses)，我用了蜂蜜来代替。再者大同常常告诫我：即使你严格地按照某个配方和配方的步骤做了，但是你没见过没吃过，没有标准，没有比较，就不能随随便便冠以“某某”。所以我把它叫作玉米面包——加了玉米面粉的面包，总是没错。

天然酵种大蒜干番茄和迷迭香的味道

晋南人管馒头叫馍。因为山西南部产小麦，所以那里的人会蒸馍。晋南的馍成了山西馒头的典范，走在太原的街上，常常会看到有小摊贩亮出“晋南馒头”的招牌。

自然发酵的面团会有酸味，这是发酵过程中的乳酸菌带来的味道。蒸馒头时为了去掉酸味，通常都是用碱来中和。把食用碱用少量的水溶解，渐渐揣入发酵好的面团，这是一个需要经验和耐心的过程，也是馒头成败的关键环节之一。当年家里人凭着“一看，二闻，三尝”的办法，先切下一小团揉好的面看切口上的孔洞是否大小细致均匀，再闻闻面团的味道要既不酸又不能有碱味儿。如果必要还要把面团在炉火上烤熟了亲口尝尝真实的味道。态度真是认真又严肃。现在简单了，用干酵母就能达到发酵的目的，还省去了揣碱的麻烦，但是天然酵种带来的特别的风味也因此而损失掉了。

晋南人蒸馍确实有一手，他们使用自然发酵的方法，不用揣碱，蒸出馍来味道香甜，又耐存放。据说秘籍就在用来发酵的酵头上。仔细地问过几个家在晋南的朋友，听他们讲在晋南的乡村里，现在仍旧沿袭着用传统的方法来制作酵头：用预先保留下来的老面掺入一定比例的水和玉米面粉，揉成面团让其发酵成熟，再重复一次这个过程。为什么一定要用玉米面粉做原始材料，我想和使用黑麦粉或全麦粉来做酵种的道理是一样的，因为它们更适合天然酵母的生长。重复一遍过程是为了增强酵母的活力。

把发酵成熟的酵种面团分成鸡蛋大小，放在太阳下自然风干，这样酵头就做好了。做好的酵头可以保存一段时间，使用时用水化开，掺入所需小麦面粉和一定比例的水揉成光滑均匀的面团，再次发酵成熟就可以蒸馍了。这个过程，和用天然酵母烘烤面包的过程是不是很有些相似？

用天然酵种做面包也有一阵子了，我自己很喜欢这种面包的味道，非常同意“德州农民”的观点，虽然有很多用天然酵种的配方都可以用干酵母来代替，“但是成品的组织和风味不可同日而语”，况且“有很多技巧可以调节成品的酸度和风味”。

不过话又说回来，就像一个有个性的人不是所有人都能接受，天然酵种面包也不是每个人都喜欢。比如，一位长辈要吃我做的面包，就烤了全麦粉的天然酵种面包送她，第二天就打电话跟我讲她不爱吃这个面包，不爱吃有酸味的面包。虽然内心有一点点受打击，但还是要谢谢她的直言不讳，免去了以后老送别人不喜欢的东西给人家的尴尬。

大同安慰我，说如果让他来给这类面包做广告，他会说：这种面包你不一定吃得惯，可一旦喜欢就会离不了！

这个面包参考了网上的配方，用了天然酵种。原来方子里加有很丰富的配料，我只能根据自己的情况有什么就加些什么，巧的是我自己养了一大盆香草，有薄荷、百里香和迷迭香，蓬蓬勃勃正待跃跃欲试。这个配方里的配料有迷迭香，正好拿来一用。

大蒜、番茄干、迷迭香。在烘烤的过程中已是香气四溢。它们的气息，生活的气息。

图书在版编目（CIP）数据

兰若的灶间闲话 / 王瑞庆著. --太原：山西人民出版社，2015.11

ISBN 978-7-203-09278-0

Ⅰ.①兰… Ⅱ.①王… Ⅲ.①菜谱—中国②饮食—文化—中国 Ⅳ. ①TS972.182 ②TS971

中国版本图书馆CIP数据核字（2015）第225509号

兰若的灶间闲话

著　　者：王瑞庆
责任编辑：傅晓红
装帧设计：史慧芳

出 版 者：山西出版传媒集团·书海出版社
地　　址：太原市建设南路 21 号
邮　　编：030012
发行营销：0351-4922220　4955996　4956039　4922127（传真）
　　　　　http://sxrmcbs.tmall.com　电话：0351-4922159
E - mail：sxskcb@163.com　发行部
天猫官网：sxskcb@126.com　总编室
网　　址：www.sxskcb.com

经 销 者：山西出版传媒集团·山西人民出版社
承 印 厂：山西天辰图文有限公司

开　　本：787mm × 1092mm　1/16
印　　张：15.25
字　　数：200千字
印　　数：1-4000 册
版　　次：2015 年 11月　第 1 版
印　　次：2015 年 11月　第 1 次印刷
书　　号：ISBN 978-7-203-09278-0
定　　价：58.00 元